高等院校"十三五"规划教材

YETI TUIJINJI ANQUAN GONGCHENG JICHU

液体推进剂安全工程基础

主　编　黄智勇

副主编　张淑娟

编　者　黄智勇　张淑娟　吕晓猛

西北工业大学出版社

【内容简介】《液体推进剂安全工程基础》是基于液体推进剂安全作业需求编写的。本书包含事故致因理论及模型、事故的预测理论及模型、燃烧与爆炸、防火防爆技术、危险化学品泄漏及控制和液体推进剂安全技术等 7 个方面。本书内容丰富、结构合理、重点突出。

本书可作为高等学校安全工程、化学工程专业本科教材,也可供相关专业的研究生和工程技术人员参考。

图书在版编目(CIP)数据

液体推进剂安全工程基础/黄智勇主编. —西安:西北工业大学出版社,2016.9
ISBN 978 - 7 - 5612 - 5063 - 1

Ⅰ.①液…　Ⅱ.①黄…　Ⅲ.①液体推进剂—安全工程　Ⅳ.①V511

中国版本图书馆 CIP 数据核字(2016)第 235763 号

策划编辑:杨　军
责任编辑:张　潼

出版发行:西北工业大学出版社
通信地址:西安市友谊西路 127 号　邮编:710072
电　　话:(029)88493844　88491757
网　　址:www.nwpup.com
印刷者:陕西省富平县万象印务有限公司
开　　本:787 mm×1 092 mm　1/16
印　　张:9
字　　数:213 千字
版　　次:2016 年 9 月第 1 版　2016 年 9 月第 1 次印刷
定　　价:28.00 元

前　言

　　武器装备的发展对安全技术和安全管理的基本要求是指武器装备在储存、运输、使用、维护、退役和报废等作业过程中，防止事故和案件发生，对事故进行安全处理，确保部队训练、战备和各项任务顺利完成。含能材料液体推进剂作为危险化学品，多为易燃、易爆、有毒及腐蚀性较强的物质，在作业过程中极易发生安全事故，威胁作业人员的生命和国家财产的安全。因此，了解安全工程学基本原理和含能材料危险化学品的安全使用技术，对保障液体推进剂安全作业具有重要的意义。

　　笔者广泛收集了相关文献、教材及国军标等行业规范，并结合多年从事液体推进剂相关安全技术和管理的研究及教学经验和体会，综合优选，有机整合，拓展新的应用技术，编写成本书，希望能为读者了解安全学基本原理和掌握含能材料危险化学品的安全使用技术提供帮助。

　　本书由黄智勇担任主编。编写分工：第 1～3 章由黄智勇编写；第 4～6 章由张淑娟编写；第 7 章由吕晓猛编写。

　　本书在编写过程中，曾参阅了相关文献资料，在此对原作者表示感谢。

　　由于水平有限，书中内容不妥之处，恳请各位专家、读者批评指正。

编　者

2016 年 3 月

目　录

第1章 绪 论

液体推进剂是以液体状态进入发动机,经历化学反应和热力学变化,为推进系统提供能量和工质的物质。它可以是单质、化合物,也可以是混合物。它在液体发动机燃烧室内进行氧化反应或分解反应,把化学能转化为热能,产生高温高压气体,通过发动机喷管膨胀,再把热能转变为动能,推动航天器飞行或进行航天器姿态控制、速度修正、变轨飞行等。液体推进剂包括液体氧化剂、液体燃烧剂和液体单组元推进剂以及在液体推进剂基础上发展起来的胶体推进剂。燃烧时起氧化作用的物质,称为氧化剂。燃烧时起还原作用并释放能量的物质,称为燃料(即燃烧剂)。通过自身分解或燃烧提供工质和能量的液体物质,称为单组元推进剂。液体推进剂在本质上是一种特殊能源,由于其特殊的物理化学性质,在一定外界和环境条件下,该能源能以物理化学方式释放能量并实现对外做功。另外,大多数液体推进剂属于有毒化学品,具有较大的人员损伤危险性。在液体推进剂生产、运输、贮存、加注、转注及报废处理等各个环节,如果使用、管理或安全防护不当,将可能导致人体健康和生命安全受到损害,财产遭受损失,生态环境遭受污染和破坏。

因此,如何保障液体推进剂在生产、运输、贮存、加注、转注及报废处理等过程中的安全性,降低其危险性,提高操作人员的安全防护水平,避免事故的发生,已成为液体推进剂现代安全技术研究的主要内容。

1.1 液体推进剂安全性能

在管理与使用的过程中,液体推进剂的安全性能主要是指液体推进剂的易燃易爆性、毒性、腐蚀性及环境污染等。

1. 易燃易爆性

液体推进剂作为发动机的能源和工质具有极高的易燃性或助燃性。例如肼类和烃类推进剂易燃,当空气中推进剂蒸气浓度达到一定范围时,极易引起爆炸。氧化剂虽不能燃烧,例如四氧化二氮和红烟硝酸,但具有强氧化性,助燃能力强。四氧化二氮和红烟硝酸与木材、棉布及纸张等可燃物接触时,极易引起火灾。某些燃烧剂和氧化剂相遇可立即自燃,甚至引发爆炸。因此,液体推进剂具有易燃易爆性,在推进剂的生产、运输、贮存、加注、转注及分析化验等作业过程中都必须要采用防火防爆安全措施。

2. 毒性

液体推进剂的毒性是指当推进剂进入人体后累积达到一定的量,能与体液组织发生生物化学作用或生物物理学变化,扰乱或破坏肌体的正常生理功能,引起暂时性或持久性的病理状态,甚至危及生命安全的特性。液体推进剂毒性大小一般是通过动物急性中毒试验进行确定的。

液体推进剂的毒性作用包括急性毒性作用、慢性毒性作用、刺激与腐蚀作用及过敏作用。这些毒害作用,有的只引起局部性中毒,有的则可引起全身性中毒;有的只引起短时间的暂时性中毒,有的则可引起长时间的中毒。肼、甲基肼和偏二甲肼对动物具有致癌作用,但对人体的致癌作用尚未得到证实。

液体推进剂按急性毒性分级,偏二甲肼、肼、单推－3、红烟硝酸等为高毒物质,过氧化氢、硝酸异丙酯等为低毒物质,酒精、液氢、液氧等为微毒(实际为无毒)物质。

根据中国《剧毒化学品名录》(2002 版)中有关剧毒化学品毒性判定标准,偏二甲肼、肼、红烟硝酸等均属于剧毒化学品。

根据中国国家标准 GBZ 2.1－2007,偏二甲肼、肼等属于人体可疑致癌物质。

3. 腐蚀性

液体推进剂的腐蚀性是指推进剂与其他物质接触时,会使其他物质发生化学或电化学变化使接触体受到破坏。推进剂对金属材料的腐蚀,例如对贮存容器、输送管道及加注泵等的金属腐蚀作用;对非金属材料,例如对橡胶垫片、润滑脂的溶解、溶胀、渗透及变脆等腐蚀作用;以及对人体和动植物的化学灼伤作用。

4. 环境污染

液体推进剂在生产、运输、贮存、加注及转注等作业过程中,当发生跑、冒、滴、漏,特别是大量推进剂泄漏及着火爆炸事故时,由于推进剂的毒害作用,会造成大气、水体、土壤等的污染。在清洗槽车、贮罐及加注、转注系统等设备时,亦会产生大量含有推进剂的有害废水。在加注、转注等作业过程中,系统会排放大量含有推进剂的废气,这些废水废气不经处理直接排放会引起严重的环境污染。

1.2　液体推进剂安全技术的内容

1.2.1　安全的基本内涵

1. 安全的概念与属性

安全,泛指没有危险、不出事故的状态。安全通常是指免受人员伤害、疾病或死亡,或设备、财产破坏或损失的状态。在《职业健康安全管理体系规范》(GB/T 28000－2001)中对安全的定义是:免除了不可接受的损害风险的状态。

安全表述为一个复杂物质系统的动态过程或状态,过程或状态的目标是使人和物将不会受到伤害或损失。安全还可表述的是人们的一种理念,即人和物将不会受到伤害和损失的理想状态。安全也可表述为一种特定的技术状态,即满足一定安全技术指标要求的状态。

人的本性表现为自然属性和社会属性,而作为人的最基本的需要——安全也就相应地具有自然属性和社会属性。因此,安全一词所涉及的纷繁复杂的因素与它的自然属性和社会属性有着密切的关系。

安全的自然属性表现在两个方面:①安全是人的生理与心理需要,或者说由生命及生的欲望决定了自我保护意识,是安全存在的主动因素;②人类对天灾的无奈以及新陈代谢、生老病死等规律的不可抗拒,使人们不得不把生命安全经常提到议事日程,这虽然是被动因素,但它与前一个主动因素相结合,就决定了安全是自古以来人类生活、生存以及进步的永恒主题。

安全的社会属性也主要表现在两个方面。自从人类有组织活动以来,社会安定、有序、进步始终是各社会阶段追求的目标,而这一目标实现的重要标志之一就是安全,这是社会促进安全的主动因素。但是人类的社会活动如政治、军事、文化、社交等,有的对安全直接起破坏作用,有的间接影响着安全;人类的经济活动导致的安全问题如生产事故(职业病)、高技术灾害(化学品致灾、核事故隐患、电磁环境公害、航天事故、航空事故)、交通灾害等则是自人类开展经济活动以来就存在的突出的安全问题。如今更加突出的一个安全问题是环境问题,环境恶化(包括自然环境和人为环境)是人类生活、生存安全的重要威胁。总之,人类的社会活动、经济活动一方面本身在不断制造事故,另一方面也通过技术和管理措施不断消除隐患,减少事故。但由于受政治利益和经济利益的驱使,安全技术管理措施多数是被动的。严格来讲,安全的社会属性是指安全要素中那些同人与人的社会结合关系及其运动规律相联系的演化规律和过程。

实际上,安全的自然属性与社会属性是不可分割的。因为在安全要素中,不可能单独来研究某个要素,或者它们之间的隔离的、静态的关系,只能用系统的观点来研究安全要素之间的动态的、有机的联系,正确地把握安全的发展动态及其规律。因此,从这个意义上来说,安全的系统属性正是安全的自然属性和社会属性的耦合点。随着生产力水平的不断提高和科学技术的不断进步,人们解决安全问题的能力也在不断提高,安全的自然属性和社会属性在耦合的过程中,同安全系统的特点一样,也是在追求其在一定时期、一定条件下的可为人们所接受的耦合条件。

2. 安全的基本特征

第一,安全的必要性和普遍性。安全是人类生存的必要前提。人类生存的必要条件首先是安全,如果生命安全都不能保障,生存就不能维持,繁衍也无法延续。而人和物遭遇到人为的或自然的危害或损坏极为常见,不安全因素是客观存在的。因此,实现人的安全又是普遍需要的。在人类活动的一切领域,人们必须尽力减少失误、降低风险,尽量使物趋向本质安全化,使人能控制和减少灾害,维护人与物、人与人、物与物相互间的协调运转,为人类活动提供必要的基础条件,发挥人和物的生产力作用。

第二,安全的随机性。"安全"一词描述的是一种状态,但这种状态也决非是一种确定的、静止不变的状态。平安也好,安全也好,其本身就带有很大的模糊性、不确定性,所以"安全状态"具有动态特征,就是说安全所描述的状态具有动态特征,它是随时间而变化的。安全取决于人、机、环境的关系协调,如果失调就会出现危害或损坏。安全状态的存在和维持时间、地点及其动态平衡的方式都带有随机性。如果安全条件变化,人、机、环境之间的关系就会失调,事故就会随时发生。

第三,安全的相对性。长期以来,人们一直把安全和危险看作截然不同的、相互对立的概念,这是绝对的安全观。从科学的角度讲,"绝对安全"的状态在客观上是不存在的,世界上没有绝对安全的事物,任何事物中都包含有不安全的因素,具有一定的危险性。安全只是一个相对的概念,它是一种模糊数学的概念:危险性是对安全性的隶属度;当危险性低于某种程度时,人们就认为是安全的。安全性(S)与危险性(D)互为补数,即 $S=1-D$。

第四,安全的局部稳定性。无条件地追求系统的绝对安全是不可能的,但有条件地实现局部安全,是可以达到的。只要利用系统工程原理调节和控制安全的三个要素(人、机及环境),就能实现局部稳定的安全。安全协调运转正如可靠性及工作寿命一样,有一个可度量的范围,其范围由安全的局部稳定性所决定。

第五,安全的经济性。安全是可以产生效益的。从安全的功能看,可以直接减轻(或免除)事故(或危害事件)给人、社会和自然造成的损伤,实现保护人类财富、减少无益损耗和损失的功能,同时还可以保障劳动条件和维护经济增值过程,实现其间接为社会增值的功能。

第六,安全的复杂性。安全与否取决于人、机、环境及其相互关系的协调,实际上形成了人-机-环境系统。这是一个自然与社会结合的开放性系统。在安全系统中,人是安全的主体,由于人的主导作用和本质属性——生物性和社会性——包括人的思维、行为、心理和生理等因素以及人与社会的关系,使得安全问题具有极大的复杂性。

第七,安全的社会性。安全与社会的稳定直接相关,无论是人为灾害还是自然灾害,如生产中出现的伤亡事故,交通运输中的车祸、空难,家庭中的伤害及火灾,产品对消费者的危害,药物与化学产品对人体健康的影响,甚至旅行娱乐中的意外伤害等,都将给个人、家庭、企事业单位或社会群体带来心灵和物质上的危害,成为影响社会安定的重要因素。安全的社会性还体现在对各级行政部门以及对国家领导人或政府高层决策者的影响,如"安全第一,预防为主"的基本国策,反映在国家的法令、各部门的法规及职业安全与卫生的规范标准中,从而使社会和公众在安全方面受益。

1.2.2　液体推进剂安全技术的内容

安全技术是指为消除一切不安全或危险因素,避免物质或者过程违背人们的意志,出现对人及环境的有害影响,而采取的一种综合措施。安全技术是一种综合性的知识和经验。

由于液体推进剂特殊的物理和化学性质,其在使用和管理过程中极易发生安全事故。确保安全顺利地完成各项液体推进剂作业工作,是液体推进剂现代安全技术研究的主要内容。液体推进剂安全技术涉及化学、物理学、毒理学、防护学、机械学、环境科学及分析测试等诸多学科,是一门综合应用技术。

液体推进剂安全技术主要研究和探讨液体推进剂事故发生的原因、过程以及防止其发生的技术和经验,其内容包括安全工程基本原理、推进剂安全性能、防火防爆技术、防毒技术、特种作业过程安全技术、电气安全技术、压力容器安全技术及液体推进剂突发事故的应急处置技术等。

1.3　液体推进剂安全技术的发展趋势

液体推进剂本身是一类易燃易爆、毒性大、易污染环境的物质,无论在其生产、使用、运输、贮存、加注、转注和取样等任何作业过程中,安全问题都是人们重点关注的问题。推进剂安全技术是保证推进剂安全使用与管理的重要基础。液体推进剂安全技术的发展趋势,主要体现在以下两个方面:①组分、配方安全技术的研究;②安全的预估与防范。

1.3.1　绿色液体推进剂

发展无毒、无污染、环境友好型的绿色液体推进剂是液体推进剂发展的主要方向，也是液体推进剂安全技术发展的重要方面。

（1）新型绿色单组元推进剂

1）硝酸羟胺（HAN）基单组元推进剂。HAN 基单组元液体推进剂为 HAN、燃料（如醇类、甘氨酸、硝酸三乙醇胺等）和水的混合物，与固体推进剂相比具有能量高、性能易调节、贮存和供应方便等优点。HAN 基单组元推进剂具有冰点低、密度比冲高、安全无毒等特点，在常压下不敏感、贮存安全。

2）二硝酰胺铵（ADN）基单组元推进剂。二硝酰胺铵（ADN）是一种固体氧化剂，密度高，高温稳定性好。由于 AND 具有较高的吸湿性，可将其溶于水中，再添加适当的燃料，形成单组元液体推进剂。AND 毒性较小，比 HAN 的毒性（325 mg/kg）还要小，特别适用于低污染的航天飞机助推系统和空间运输动力系统。

（2）新型绿色双组元推进剂

1）过氧化氢基双组元液体推进剂。过氧化氢是一种环境友好型的液体推进剂，其分解释放出氧气和水，既可用作氧化剂又可用作单组元推进剂。当作为氧化剂使用时，与之匹配的燃料选择较为广泛，如肼类、醇类、烃类、有机胺类等。常见的如过氧化氢/醇类双组元液体推进剂、过氧化氢/叠氮胺类双组元液体推进剂。

2）一氧化二氮双组元液体推进剂。一氧化二氮是一种无毒、安全的推进剂，可用于冷气推进、单组元推进、双组元推进、固液推进和电阻加热推进等推进系统模式。采用一氧化二氮作为推进剂的发动机推力可以从毫牛顿级到牛顿级以至千牛顿级，主要应用于小卫星、微小卫星、纳米卫星、飞船等。常见的如一氧化二氮/胺双组元液体推进剂、一氧化二氮/丙烷双组元液体推进剂。

（3）高能原子推进剂

原子推进剂就是将原子氢、原子碳、原子硼等原子贮存在固氢颗粒中，用液氢来带动固氢流动，与液氧配对，从而形成原子氢、原子碳、原子硼等高能液体推进剂。采用原子推进剂能使空间飞行器的结构更加紧凑，亦可有效提高载荷，还能使比冲提高几百秒。原子态能够稳定地贮存在固氢颗粒中，在原子推进剂制备、贮存和使用过程中可有效提高其安全性。

1.3.2　安全预估与防范

安全预估与防范是从安全角度对液体推进剂系统进行分析评价，揭示可能导致系统风险或事故的各种危险因素及其相互关联来识别系统中的危险源，以便采取预防措施进行消除或控制，达到预测预防、确保安全的目的。

液体推进剂的安全预估与防范和推进剂的风险评价密切相关，其涉及多种因素，如液体推进剂的种类、数量、贮存方式、设备、工艺、管理水平、操作技能、外形条件、人口密度及气象条件等。目前常见的安全预估方法有多因子综合积分等级评估法、模式评估法、事件树分析法、安全检查表法和概率统计法等。

安全防范技术是指基于"海因里希安全公理",遵循可预防原则,偶然损失原则,因果关系原则,"3E对策"原则,本质安全化原则,危险因素防护原则等六大原则,采取降低事故发生概率,降低事故严重程度和加强安全管理等各种措施的综合技术。由于不确定因素较多,对液体推进剂作业进行准确的安全预估,并进行全面的安全防范难度较大。

第2章　事故致因理论及模型

2.1　事故的定义与特征

2.1.1　事故的定义

事故(accident)是发生在人们的生产、生活活动中的意外事件。人们对事故下了种种定义,其中伯克霍夫(Berckhoff)的定义较著名。

按伯克霍夫的定义,事故是人(个人或集体)在为实现某种意图而进行的活动过程中,突然发生的、违反人的意志的、迫使活动暂时或永久停止的事件。

1)事故背景:"为实现某种意图而进行的活动过程中"。事故是一种发生在人类生产、生活活动中的特殊事件,人类的任何生产、生活活动过程中都可能发生事故。因此,人们若想把活动按自己的意图进行下去,就必须采取措施防止事故。

2)事故发生:"突然发生的、违反人的意志的"。事故是一种突然发生的、出乎人们意料的意外事件。这是由于导致事故发生的原因非常复杂,往往是由许多偶然因素引起的,因而事故的发生具有随机性质。在一起事故发生之前,人们无法准确地预测什么时候、什么地方、发生什么样的事故。由于事故发生的随机性质,使得认识事故、弄清事故发生的规律及防止事故发生成为非常困难的事情。

3)事故后果:"迫使活动暂时或永久停止"。事故是一种迫使进行着的生产、生活活动暂时或永久停止的事件。事故中断、终止活动的进行,必然给人们的生产、生活带来某种形式的影响。因此,事故是一种违背人们意志的事件(event),是人们不希望发生的事件。

事故这种意外事件除了影响人们的生产、生活活动顺利进行之外,往往还可能造成人员伤害、财物损坏等其他形式的后果。因此,在安全科学中,人们对事故的定义是:造成死亡、疾病、伤害、损坏或其他损失的意外事件。

2.1.2　事故的主要影响因素

从宏观上看,事故的发生可分为由于自然界的因素(如地震、山崩、海啸、台风等)影响以及非自然界的因素影响两类。后者也被称为人为事故,前者往往非人力所能左右。人为事故是由于不安全状态或不安全行为所引起的。它是物质、环境、行为等诸因素的多元函数。具体地说,影响事故是否发生的因素有5项:人、物、环境、管理和事故处置。

(1)人的原因

所谓人,包括操作人员、管理人员、事故现场的在场人员和其他有关人员等。他们的不安全行为是事故的重要致因。主要包括：

1）未经许可进行操作，忽视安全，忽视警告；

2）危险作业或高速操作；

3）人为地使安全装置失效；

4）使用不安全设备，用手代替工具进行操作或违章作业；

5）不安全地装载、堆放、组合物体；

6）采取不安全的作业姿势或方位；

7）在有危险运转的设备装置上或移动着的设备上进行工作；不停机、边工作边检修；

8）注意力分散，嬉闹、恐吓等。

（2）物的原因

所谓物包括原料、燃料、动力、设备、工具、成品及半成品等。物的不安全状态包括：

1）设备和装置结构不良，材料强度不够，零部件磨损和老化；

2）存在危险物和有害物；

3）工作场所的面积狭小或有其他缺陷；

4）安全防护装置失灵；

5）缺乏防护用具和服装或有缺陷；

6）物质的堆放、整理有缺陷；

7）工艺过程不合理，作业方法不安全。

物的不安全状态是构成事故的物质基础。没有物的不安全状态，就不可能发生事故。物的不安全状态构成生产中的隐患和危险源，当它满足一定条件时就会转化为事故。

（3）环境的原因

不安全的环境是引起事故的物质基础。它是事故的直接原因，通常指以下几方面。

1）自然环境的异常，即岩石、地质、水文、气象等的恶劣变异。

2）生产环境不良，即照明、温度、湿度、通风、采光、噪声、振动、空气质量、颜色等方面的缺陷。

以上物的不安全状态、人的不安全行为以及环境的恶劣状态都是导致事故发生的直接原因。

（4）管理的原因

管理的原因即管理的缺陷，包括：

1）技术缺陷。指建、构筑物及机械设备、仪器仪表等的设计、选材、安装布置、维护维修有缺陷；或工艺流程、操作方法存在问题。

2）劳动组织不合理。

3）对现场工作缺乏检查指导，或检查指导错误。

4）安全操作规程没有或不健全，挪用安全措施费用，不认真实施事故防范措施，对安全隐患整改不力。

5）教育培训不够，工作人员不懂操作技术或经验不足，缺乏安全知识。

6）人员选择和使用不当，生理或身体有缺陷，如有疾病，听力、视力不良等。

管理上的缺陷是事故的间接原因，是事故的直接原因得以存在的条件。

（5）事故处置情况

事故处置情况系指：

1）对事故前的异常征兆是否能做出正确的判断和反应；

2）一旦发生事故，是否能迅速地采取有效措施，防止事态恶化和事故扩大；

3）抢救措施和对负伤人员的急救措施是否妥善。

显然，这些因素对事故的发生和发展起着制约作用，是在事故发生过程中出现的。

2.1.3　事故的特征

1. 事故的因果性

所谓因果就是两种现象之间的关联性。事故的起因乃是它和其他事物相联系的一种形式。事故是相互联系的诸原因的结果。事故这一现象都和其他现象有着直接或间接的联系。

在这一关系上看来是"因"的现象，在另一关系上却会以"果"出现，反之亦然。因果关系有继承性，即第一阶段的结果往往是第二阶段的原因。

给人（或物体）造成直接伤害的原因是比较容易掌握的，这是由于它所产生的某种后果显而易见。然而，要寻找出究竟为何种原因又是经过何种过程而造成这样的结果，却非易事，因为会有种种因素同时存在，并且它们之间存在某种相互关系。因此，制定预防措施时，应尽最大努力掌握造成事故的直接和间接的原因，深入剖析其根源，防止同类事故重演。

2. 事故的偶然性、必然性和规律性

从本质上讲，人为事故属于在一定条件下可能发生，也可能不发生的随机事件。

事故是由于客观存在不安全因素，随着时间的推移，出现某些意外情况而发生的，这些意外情况往往是难以预知的。因此，事故的偶然性是客观存在的，与人们是否掌握事故的原因完全不相干。换言之，即使完全掌握了事故原因，也不能保证绝对不发生事故。

事故的偶然性决定了要完全杜绝事故发生是困难的，甚至是不可能的。

事故的因果性又决定了事故的必然性。

事故是一系列因素互为因果、连续发生的结果。事故因素及其因果关系的存在决定事故或迟或早必然要发生。其随机性仅表现在何时、何地、因什么意外事件触发产生而已。

掌握事故的因果关系，砍断事故因素的因果连锁，就消除了事故发生的必然性，就可能防止事故发生。

事故的必然性中包含着规律性。既为必然，就有规律可循。必然性来自因果性，深入探查、了解事故因素关系，就可以发现事故发生的客观规律，从而为防止事故发生提供依据。由于事故含有偶然的本质，故不易完全掌握它所有的规律。但在一定范畴内，用一定的科学仪器或手段，就可以找出近似的规律，从外部和表面上的联系，找到内部的决定性的主要关系。如应用偶然性定律，采用概率论的分析方法，收集尽可能多的事例进行统计处理，并应用伯努利大数定律，找出最根本性的问题。

从偶然性中找出必然性，认识事故发生的规律性，变不安全条件为安全条件，把事故消除在萌芽状态之中。这也就是防患于未然、预防为主的科学根据。

3. 事故的潜在性、再现性和预测性

事故往往是突然发生的，然而导致事故发生的因素，即"隐患或潜在危险"却早就存在，只是未被发现或未受到重视而已。随着时间的推移，一旦条件成熟，就会显现而酿成事故，这就是事故的潜在性。

事故一经发生,就成为过去。时间一去不复返,完全相同的事故不会再次发生。然而如果没有真正地了解事故发生的原因,并采取有效措施去消除这些原因,就会再次出现类似的事故。应当致力于消除这种事故的再现性,这是能够做到的。

根据对过去事故所积累的经验和知识,以及对事故规律的认识,并使用科学的方法和手段,可以对未来可能发生的事故进行预测。事故预测就是在认识事故发生规律的基础上,充分了解、掌握各种可能导致事故发生的危险因素以及它们的因果关系,推断它们发展演变的状况和可能产生的后果。事故预测的目的在于识别和控制危险,预先采取对策最大限度地减少事故发生的可能性。

4. 事故的可预测性

事故的可预防性体现在以下三个方面。

1)现代工业系统是人造系统,这就表示工业事故都是非自然因素造成的,这种客观实际给预防事故提供了基本的前提。

2)事故的致因都是可以识别的,系统中的因素(人、机、环境)由于自身特点和相互间的作用,会产生失误或故障,从而导致人的不安全行为和物的不安全状态。人的不安全行为和物的不安全状态的相互组合,引发人机匹配失衡,从而导致事故的发生。

产生事故的原因是多层次的,总的来说,人的不安全行为和物的不安全状态是造成事故的直接原因;而人、机、环境又是受管理因素支配的,因此管理不当和领导失误是导致事故的本质因素。尽管事故的致因具有随机性和潜伏性,但这些致因会在事故的成长阶段显现出来,运用系统安全分析的方法,可以识别出系统内部存在的危险因素;通过对大量的事故案例的分析,也可以发现事故的诱因。

3)事故的致因都是可以消除的,通过下述措施,可有效地阻断系统中人和物的不安全运动的轨迹,使得事故发生的可能性降到最低限度:①排除系统内部各种物质中存在的危险因素,消除物的不安全状态;②加强对人的安全教育和技能培训,从生理、心理和操作上控制住人的不安全行为的产生;③建立、健全法律法规和规章制度,规范决策程序,强化安全管理,从组织、制度和程序上,最大限度地避免管理失误的发生。

所以说,任何事故从理论和客观上讲,都是可预防的。认识这一特性,对坚定信念、防止事故发生有促进作用。因此,人类应该通过各种合理的对策和努力,从根本上消除事故发生的隐患,把事故的发生降低到最低限度。

2.2　事故致因理论的产生与发展

导致伤亡事故原因的理论研究已有一百多年历史。随着生产力的发展,生产方式的变化,生产关系所反映的安全观念的差异,产生了各种事故致因理论。

20世纪初,资本主义世界工业化大生产飞速发展,美国福特公司的大规模流水线生产方式得到广泛应用。这种生产方式充分利用了机械的自动化,但是这些机械在设计时很少甚至根本不考虑操作的安全和方便,几乎没有什么安全防护装置。工人没有受过培训,操作很不熟练,加上每天长达11~13h甚至以上的工作时间,导致伤亡事故频繁发生。美国一份被称为

"匹兹伯格调查"的报告显示,1909 年美国全国的工业死亡事故高达 3 万起,一些工厂的百万工时死亡率达到 150～200 人。根据美国宾夕法尼亚钢铁公司的资料显示,在 20 世纪初的 4 年间,该公司的 2 200 名职工中,竟有 1 600 人在事故中受到了伤害。

面对广大工人群众的生命健康受到工业事故严重威胁的严峻情况,企业主的态度是消极的。他们说,"为了安全这类装门面的事,我没有钱""我手里的余钱也是做生意用的"。他们认为,"有些人就是容易出事,不管做什么,他们总是自己害自己"。

当时,世界各地的诉讼程序大同小异,只要能证明事故原因中有受伤害工人的过失,法庭总是袒护企业主。法庭判决的原则是,工人理应承受所从事的工作通常可能发生的一切危险。

1919 年,英国的格林伍德(M. Greenwood)和伍兹(H. H. woods)对许多工厂里的伤亡事故数据中的事故发生次数按不同的统计分布进行了统计检验。结果发现,工人中的某些人较其他人更容易发生事故。从这种现象出发,后来法默(Farmer)等人提出了事故频发倾向的概念。所谓事故频发倾向(accident proneness),是指个别人容易发生事故的、稳定的、个人的内在倾向。根据这种理论,工厂中少数工人具有事故频发倾向,是事故频发倾向者,他们的存在是工业事故发生的主要原因。如果企业里减少了事故频发倾向者,就可以减少工业事故。因此,防止企业中出现事故频发倾向者是预防事故的基本措施:一方面通过严格的生理、心理检验,从众多的求职人员中选择身体、智力、性格特征及动作特征等方面表现优秀的人才就业;另一方面,一旦发现事故频发倾向者,即将其解雇。这种理论把事故致因归咎于人的天性,至今仍有某些人赞成这一理论,但是后来的许多研究结果并没能证实该理论的正确性。

这一时期最著名的事故致因理论是 1936 年由美国人海因里希(W. H. Heinrich)所提出的事故因果连锁理论。海因里希认为,伤害事故的发生是一连串的事件,按一定因果关系依次发生的结果。他用五块多米诺骨牌来形象地说明这种因果关系,即第一块倒下后,会引起后面的牌连锁反应而倒下,最后一块即为伤害事故。因此,该理论称为"多米诺骨牌"理论。多米诺骨牌理论建立了事故致因的事件链这一重要概念,并为后来者研究事故机理提供了一种有价值的方法。

海因里希曾经调查了 75 000 件工伤事故,发现其中有 98% 是可以预防的。在可预防的工伤事故中,以人的不安全行为为主要原因的事故占 89.8%,而以设备的、物质的不安全状态为主要原因的只占 10.2%。按照这种统计结果,绝大部分工伤事故都是由于工人的不安全行为引起的。海因里希还认为,即使有些事故是由于物的不安全状态引起的,其不安全状态的产生也是由于工人的错误所致。因此,这一理论与事故倾向性格论一样,将事件链中的原因大部分归于工人的错误,表现出时代的局限性。从这一认识出发,海因里希进一步追究事故发生的根本原因,认为人的缺点来源于遗传因素和人员成长的社会环境。

第二次世界大战时期,已经出现了高速飞机、雷达和各种自动化机械等。为防止和减少飞机飞行事故而兴起的事故判定技术及人机工程等,对后来的工业事故预防产生了深刻的影响。

事故判定技术(critical incident technique)最初被用于确定军用飞机飞行事故原因的研究。研究人员用这种技术调查了飞行员在飞行操作中的心理学和人机工程方面的问题,然后针对这些问题采取改进措施防止发生操作失误。战后这项技术被广泛应用于国外的工业事故预防工作中,作为一种调查研究不安全行为和不安全状态的方法,使得不安全行为和不安全状态在引起事故之前被识别和改正。

第二次世界大战期间使用的军用飞机速度快、战斗力强,但是它们的操纵装置和仪表非常复杂。飞机操纵装置和仪表的设计往往超出人的能力范围，或者容易引起驾驶员误操作而导致严重事故。为了防止飞行事故，飞行员要求改变那些看不清楚的仪表的位置，改变与人的能力不适合的操纵装置和操纵方法。这些要求推动了人机工程学的研究。

人机工程学（ergonomics）是研究如何使机械设备、工作环境适应人的生理、心理特征，使人员操作简便、准确、失误少、工作效率高的学问。人机工程学的兴起标志着工业生产中人与机械关系的重大变化：以前是按机械的特性训练工人，让工人满足机械的要求，工人是机械的奴隶和附庸；现在是在设计机械中要考虑人的特性，使机械适合人的操作。从事故致因的角度，机械设备、工作环境不符合人机工程学要求可能是引起人失误、导致事故的原因。

随着战后工业迅速发展带来的广泛就业，使得企业不能像战前那样进行"拔尖"的人员选择。除了极少数身心有问题的人之外，广大群众都有机会进入工业部门；工人运动蓬勃发展，企业主不能随意地开除工人，这就使职工队伍素质发生了重大变化。战后，人们对所谓的事故频发倾向的概念提出了新的见解。一些研究表明，认为大多数工业事故是由事故频发倾向者引起的这一观念是错误的，有些人较另一些人容易发生事故，是与他们从事的作业有较高的危险性有关。越来越多的人认为，不能把事故的责任简单地说成是工人的不注意，应该注重机械的、物质的危险性质在事故致因中的重要地位。于是，在事故预防工作中开始强调实现生产条件、机械设备的安全。先进的科学技术和经济条件为此提供了技术手段和物质基础。

1949年，葛登（Gorden）利用流行病传染机理来论述事故的发生机理，提出了"用于事故的流行病学方法"理论。葛登认为，流行病病因与事故致因之间具有相似性，可以参照分析流行病的方法分析事故。

能量意外释放论的出现是人们对伤亡事故发生的物理实质认识方面的一大飞跃。1961年和1966年，吉布森（Gibson）和哈登（Hadden）提出了一种新概念：事故是一种不正常的，或不希望的能量释放，各种形式的能量是构成伤害的直接原因。于是，应该通过控制能量，或控制作为能量达及人体媒介的能量载体来预防伤害事故。根据能量意外释放论，可以利用各种屏蔽来防止能量的意外释放。

与早期的事故频发倾向理论、海因里希因果连锁论等强调人的性格特征、遗传特征等不同，战后人们逐渐地认识到管理因素作为背后原因在事故致因中的重要作用。人的不安全行为或物的不安全状态是工业事故的直接原因，必须加以追究。但是，它们只不过是其背后的深层原因的征兆、管理上缺陷的反映，只有找出深层的、背后的原因，改进企业管理，才能有效地防止事故。博德、亚当斯、北川彻三等都对海因里希的事故因果连锁理论进行了改进研究，提出了新的模型。

20世纪50年代以后，科学技术进步的一个显著特征是设备、工艺和产品越来越复杂。战略武器的研制、宇宙开发和核电站建设等使得作为现代先进科学技术标志的复杂巨系统相继问世。这些复杂巨系统往往由数以千、万计的元件、部件组成，元件、部件之间以非常复杂的关系相连，而在它们被研制和被利用的过程中常常涉及高能量。系统中微小的差错就可能引起大量的能量意外释放，导致灾难性的事故。这些复杂巨系统的安全性问题受到了人们的关注。人们在开发研制、使用和维护这些复杂巨系统的过程中，逐渐萌发了系统安全的基本思想。作为现代事故预防理论和方法体系的系统安全（system safety）产生于美国研制民兵式洲际导弹的过程中。

系统安全在许多方面发展了事故致因理论。

　　系统安全认为,系统中存在的危险源是事故发生的原因。所谓危险源(hazard)是可能导致事故、造成人员伤害、财物损坏或环境污染的潜在的不安全因素。系统中不可避免地会存在或出现某些种类的危险源,不可能彻底消除系统中所有的危险源。系统安全认为意外释放的能量可能是事故发生的根本原因,而对能量控制的失效是事故发生的直接原因。

　　由瑟利(J. Surry)于 1969 年提出,在 20 世纪 70 年代初得到发展的瑟利模型,是以人对信息的处理过程为基础,描述事故发生因果关系的一种事故模型。这种理论认为,人在信息处理过程中出现失误从而导致人的行为失误,进而引发事故。与此类似的理论还有 1970 年的海尔模型,1972 年威格尔斯沃思(Wiggleswmth)的"人失误的一般模型",1974 年劳伦斯(Lawrence)由威格尔斯沃思的理论发展为能适用于自然条件复杂的、连续作业情况下的"矿山以人失误为主因的事故模型",以及 1978 年安德森(R. Anderson)对瑟利模型的修正得出的新模型。

　　1983 年,瑞典工作环境基金会(WEF)对瑟利提出的"人的信息处理过程及事故发生序列的安全信息模型"进行了修改;1998 年,安德森综合了三个事故序列信息模型,制成了新的安德森模型,把安全信息方面的事故致因理论向前推进了一大步。

　　这些理论把人、机、环境作为一个整体(系统)看待,研究人、机、环境之间的相互作用、反馈和调整,从中发现事故的致因,揭示出预防事故的途径,所以,也将它们统称为系统理论。

　　系统安全注重整个系统寿命期间的事故预防,尤其强调在新系统的开发、设计阶段采取措施消除、控制危险源。对于正在运行的系统,如工业生产系统,管理方面的疏忽和失误是事故的主要原因。1975 年,约翰逊(Johnson)研究了管理失误和危险树(management over-sight and risk tree,MORT),创立了系统安全管理的理论和方法体系。这是一种系统安全逻辑树的新方法,也是全面理解事故现象的一种图表模型。它把能量意外释放论、变化的观点、人失误理论等引入其中,又包括了工业事故预防中许多行之有效的管理方法,如事故判定技术、标准化作业、职业安全分析等。它的基本思想和方法对现代工业安全管理产生了深刻的影响。

　　动态和变化的观点是现代事故致因理论的又一基础。1972 年,本奈(Benner)提出了起因于"扰动"而促成事故的理论,即 P 理论(perturbation occurs),进而提出了"多重线性事件过程图解法"(multilinear events sequencing charting methods)。1980 年,塔兰兹(Talanch)在《安全测定》一书中介绍了变化论模型。1981 年佐藤吉信根据 MORT 又引申出从变化的观点说明"作用-变化与作用连锁"的模型。

　　近十几年来,比较流行的事故致因理论是"轨迹交叉"论。该理论认为,事故的发生不外乎是人的不安全行为(或失误)和物的不安全状态(或故障)两大因素综合作用的结果,即人、物两大系列时空运动轨迹的交叉点就是事故发生的所在。预防事故的发生,就是设法从时空上避免人、物运动轨迹的交叉。

　　与轨迹交叉论类似的理论是"危险场"理论。危险场是指危险源能够对人体造成危害的时间和空间范围。这种理论多用于研究存在诸如辐射、冲击波、毒物、粉尘、声波等危害的事故模式。

　　到目前为止,事故致因理论的发展还很不完善,还没有给出对于事故调查分析和预测预报方面普遍有效的方法。然而,通过对事故致因理论的深入研究,必将在安全生产工作中产生深远的影响。事故致因理论及其模型化在安全生产中具有以下重要作用。

　　1)从本质上阐明事故发生的机理,奠定安全生产的理论基础,为安全生产指明正确的方向。

2)有助于指导事故的调查分析,帮助查明事故原因,预防同类事故再次发生。

3)为系统安全分析、危险性评价和安全决策提供充分的信息和依据,增强针对性,减少盲目性。

4)有利于从定性的物理模型向定量的数学模型发展,为事故的定量分析和预测奠定基础,真正实现安全管理的科学化。

5)增加安全生产的理论知识,丰富安全教育的内容,提高安全教育的水平。

图 2-1 所示是事故致因理论及其模型在安全生产中的作用示意图。

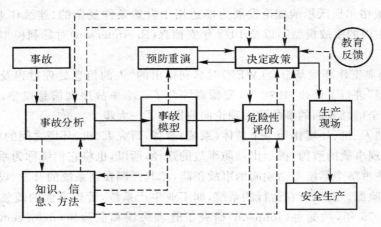

图 2-1　事故模型在安全生产中的作用示意图

2.3　事故频发倾向论

2.3.1　事故频发倾向

事故频发倾向(accident proneness)是指个别人容易发生事故的、稳定的、个人的内在倾向。

1919 年,格林伍德和伍兹对许多工厂里伤害事故发生次数资料按如下三种统计分布进行统计检验。

1)泊松分布(poisson distribution):当发生事故的概率不存在个体差异时,即不存在事故频发倾向者时,一定时间内事故发生次数服从泊松分布。在这种情况下,事故的发生是由工厂里的生产条件、机械设备方面的问题,以及一些其他偶然因素引起的。

2)偏倚分布(biased distribution):一些工人由于存在着精神或心理方面的问题,如果在生产操作过程中发生过一次事故,则会造成胆怯或神经过敏,当再继续操作时,就有重复发生第二次、第三次事故的倾向。造成这种统计分布的人是少数有精神或心理缺陷的人。

3)非均等分布(distribution of unequal liability):当工厂中存在许多特别容易发生事故

的人时,发生不同次数事故的人数服从非均等分布,即每个人发生事故的概率不相同。

在这种情况下,事故的发生主要是由人的因素引起的。

为了检验事故频发倾向的稳定性,他们还计算了被调查工厂同一个人在前三个月里和后三个月里发生事故次数的相关系数。结果发现,工厂中存在着事故频发倾向者,并且前、后三个月事故次数的相关系数变化在(0.37±0.12)~(0.72±0.07)之间,皆为正相关。

1926 年,纽伯尔德(E. M. Newbold)研究大量工厂中事故发生次数分布,证明事故发生次数服从发生概率极小且各个人发生事故概率不等的统计分布。他计算了一些工厂前五个月和后五个月里事故次数的相关系数,其结果为(0.04±0.09)~(0.71±0.06)。之后,马勃(Marbe)跟踪调查了一个有 3 000 人的工厂,结果发现,第一年里没有发生事故的工人在以后几年里平均发生 0.30~0.60 次事故;第一年里发生过一次事故的工人在以后平均发生0.86~1.17 次事故;第一年里出过两次事故的工人在以后平均发生 1.04~1.42 次事故。这些都充分证明了事故频发倾向的存在。

1939 年,法默(Farmer)和查姆勃(Chamber)明确提出了事故频发倾向的概念。认为事故频发倾向者的存在是工业事故发生的主要原因。

判断某人是否为事故频发倾向者,要通过一系列的心理学测试。例如,在日本曾采 YG 测验(yatabe-guilford test)来测试工人的性格。另外,也可以通过对日常工人行为的观察来发现事故频发倾向者。一般来说,具有事故频发倾向的人在进行生产操作时往往精神动摇,注意力不能经常集中在操作上,因而不能适应迅速变化的外界条件。

2.3.2　事故遭遇倾向

第二次世界大战后,人们对所谓的事故频发倾向的概念提出了新的见解。一些研究表明,认为大多数工业事故是由事故频发倾向者引起的观念是错误的,有些人较另一些人容易发生事故,是与他们从事的作业有较高的危险性有关。越来越多的人认为,不能把事故的责任简单地说成是工人的疏忽,应该注重机械的、物质的危险性质在事故致因中的重要地位,于是出现了事故遭遇倾向论。事故遭遇倾向(accident liability)是指某些人员在某些生产作业条件下容易发生事故的倾向。

许多研究结果表明,前后不同时期里事故发生次数的相关系数与作业条件有关。例如,罗奇(Roche)发现,工厂规模不同,生产作业条件也不同。大工厂的场合相关系数在 0.6 左右,小工厂则或高或低,表现出劳动条件的影响。高勃(P. W. Gobb)考察了 6 年和 12 年间两个时期事故频发倾向稳定性,结果发现前后两段时间内事故发生次数的相关系数与职业有关,变化在 0.08~0.72 的范围内。当从事规则的、重复性作业时,事故频发倾向较为明显。

明兹和布卢姆建议用事故遭遇倾向取代事故频发倾向的概念,认为事故的发生不仅与个人因素有关,而且与生产条件有关。根据这一见解,克尔(W. A. Kerr)调查了 53 个电子工厂中 40 项个人因素及生产作业条件因素与事故发生频度和伤害严重度之间的关系,发现影响事故发生频度的主要因素有搬运距离短、噪声严重、临时工多、工人自觉性差等;与事故后果严重度有关的主要因素是工人的"男子汉"作风,其次是缺乏自觉性、缺乏指导、老年职工多、不连续出勤等,证明事故发生情况与生产作业条件有着密切关系。

2.3.3　关于事故频发倾向理论

自格林伍德的研究起,迄今有无数的研究者对事故频发倾向理论的科学性问题进行了专门的研究探讨,关于事故频发倾向者存在与否的问题一直有争议。实际上,事故遭遇倾向就是事故频发倾向理论的修正。

许多研究结果证明,事故频发倾向者并不存在。

1)当每个人发生事故的概率相等且概率极小时,一定时期内发生事故次数服从泊松分布。根据泊松分布,大部分工人不发生事故,少数工人只发生一次,只有极少数工人发生两次以上事故。大量的事故统计资料是服从泊松分布的。例如,莫尔(D. L. Morh)等研究了海上石油钻井工人连续两年时间内伤害事故情况,得到了受伤次数多的工人数没有超出泊松分布范围的结论。

2)许多研究结果表明,某一段时间里发生事故次数多的人,在以后的时间里往往发生事故次数不再多了,并非永远是事故频发倾向者。通过数十年的试验及研究,很难找出事故频发者稳定的个人特征。换言之,许多人发生事故是由于他们行为的某种瞬时特征引起的。

3)根据事故频发倾向理论,防止事故的重要措施是人员选择。但是许多研究表明,把事故发生次数多的工人调离后,企业的事故发生率并没有降低。例如,韦勒(Waller)对司机的调查,伯纳基(Bernacki)对铁路调车员的调查,都证实调离或解雇发生事故多的工人,并没有降低伤亡事故发生率。

多年的研究与实践证明,"事故频发倾向论"是错误的,实际上并不存在所谓的事故频发倾向者。因此,这一理论基本被排除在事故致因理论当代研究范围之外。

其实,工业生产中的许多操作对操作者的素质都有一定的要求,或者说,人员须具有一定的职业适合性。当人员的素质不符合生产操作要求时,人在生产操作中就会发生失误或不安全行为,从而导致事故发生。例如特种作业的场合,操作者要经过专门的培训、严格的考核,获得特种作业资格后才能从事该种操作。因此,尽管事故频发倾向论把工业事故的原因归于少数事故频发倾向者的观点是错误的,然而从职业适合性的角度来看,关于事故频发倾向的认识也有一定的可取之处。

2.4　事故因果连锁理论

2.4.1　因果继承关系

事故现象的发生与其原因存在着必然的因果关系。"因"与"果"有继承性,前段的结果往往是下一段的原因。事故现象是"后果",与其"前因"有必然的关系。因果是多层次相继发生的,一次原因是二次原因的结果,二次原因又是三次原因的结果,如此类推。事故发生的层次顺序如图 2-2 所示。

一般而言,事故原因常分为直接原因和间接原因。直接原因又称一次原因,是在时间上最接近事故发生的原因。直接原因通常又进一步分为两类——物的原因和人的原因。物的原因是指设备、物料、环境(又称环境物)等的不安全状态;人的原因是指人的不安全行为。

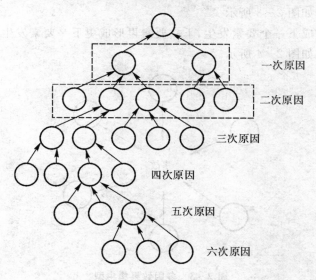

图 2-2　事故发生的层次顺序

间接原因是二次、三次以至多层次继发来自事故本源的基础原因。

间接原因大致分为 6 类:

1)技术的原因:主要机械设备的设计、安装、保养等技术方面不完善,工艺过程和防护设备存在技术缺陷;

2)教育的原因:对职工的安全知识教育不足、培训不够,职工缺乏安全意识等;

3)身体的原因:指操作者身体有缺陷,如视力或听力有障碍,以及睡眠不足等;

4)精神的原因:指焦躁、紧张、恐惧等;心不在焉等精神状态以及心理障碍或智力缺陷等

5)管理的原因:企业领导安全责任心不强,规程标准及检查制度不完善、决策失误等;

6)社会及历史原因:涉及体制、政策、条块关系,地方保护主义,机构、体制和产业发展历史过程等。

在 1)～6)项的间接原因中,1)～4)为二次原因,5)～6)为基础原因。

可将因果继承原则看成一个连锁"事件链":损失←事故←一次原因(直接原因)←二次原因(间接原因)←基础原因。

追查事故原因时,从一次原因逆行查起。因果有继承性,是多层次的连锁关系。一次原因是二次原因的结果,二次原因是三次原因的结果,一直追溯到最基础原因。

如果采用适当的对策,去掉其中的任何一个原因,就切断了这条"事件链",就能防止事故的发生。但即使去掉直接原因,只要间接原因还存在,也无法防止再产生新的直接原因。所以,作为最根本的对策,应当追溯到二次原因以至基础原因,并深入研究,加以解决。

2.4.2　事故因果类型

发生事故的原因与结果之间,关系错综复杂,因与果的关系类型分为集中型、连锁型、复

合型。

几个原因各自独立地共同导致某一事故发生,即多种原因在同一时序共同造成一个事故后果的,称为集中型,如图 2-3 所示。

某一原因要素促成下一个要素发生,下一要素再形成更下一要素发生,因果相继连锁发生的事故,称为连锁型,如图 2-4 所示。

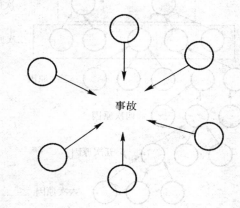

图 2-3　多因致果集中型

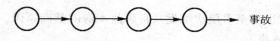

图 2-4　因果连锁型

某些因果连锁,又有一系列原因集中、连锁组成伤亡事故后果,称为复合型(见图 2-5)。单纯集型或连锁型均较少,事故的因果关系多为复合型。

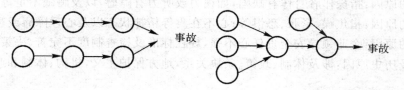

图 2-5　集中连锁复合型

2.4.3　起因物和施害物

所谓起因物,是指造成事故现象起源的机械、装置、天然或人工物件、环境物等;施害物是指直接造成事故而加害于人的物质。不安全状态导致起因物发生作用,施害物又是由起因物促成其造成事故后果的。

就物的系列而言,从远因到近因,由最早的起因物(物 0)到施害物(物 1),物 1 又会派生出新的施害物(物 2),连续派生直至与人接触而发生人员伤亡的事故现象,如图 2-6 所示。

【案例 2-1】　在焊接作业中有火花飞溅,引燃了聚氨酯橡胶,燃烧产物使人一氧化碳中毒;火花飞溅到清漆汽油上又引起火灾,烧伤了工人;同时火灾又引起汽油桶爆炸,造成桶片飞出而砸伤人员。

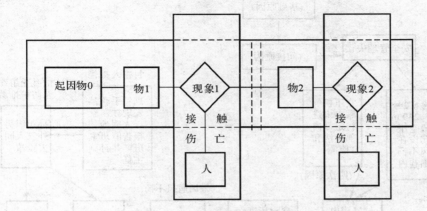

图 2-6 事故发生的物的系列

引发这一事故的起因物是电焊装置,施害物 1 是火花,施害物 2 是聚氨酯橡胶和汽油,施害物 3 是 CO、高温可燃物、汽油桶碎片。这一案例的物系列因果关系如图 2-7 所示。

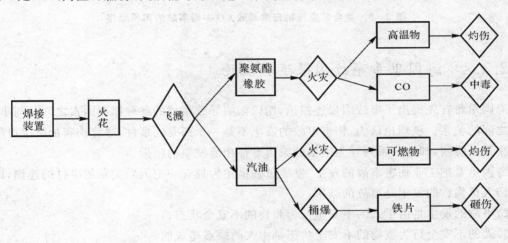

图 2-7 焊接作业中事故因果关系

【案例 2-2】 2002 年 3 月,某金矿 2 号井一采场发生 CO 中毒,致 6 人死亡事故的因果关系图及因果顺序如图 2-8 及图 2-9 所示。

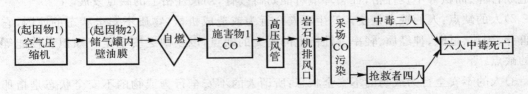

图 2-8 某金矿空压机自燃导致 CO 中毒事故的因果关系

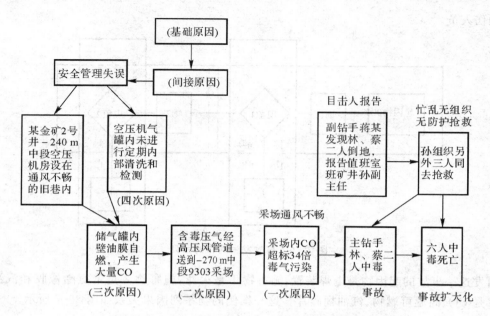

图 2 - 9　某金矿空压机自燃导致 CO 中毒事故的因果顺序

2.4.4　海因里希事故因果连锁理论

海因里希首先提出了事故因果连锁论,用以阐明导致事故的各种原因因素之间及与事故、伤害之间的关系。该理论认为,伤害事故的发生不是一个孤立的事件,尽管伤害的发生可能只发生在某个瞬间,却是一系列互为因果的原因事件相继发生的结果。

海因里希把工业伤害事故的发生、发展过程描述为具有一定因果关系的事件的连锁,即:

1)人员伤亡的发生是事故的结果;

2)事故的发生是由于人的不安全行为和物的不安全状态;

3)人的不安全行为或物的不安全状态是由人的缺点造成的;

4)人的缺点是由不良环境诱发的,或者是由先天的遗传因素造成的。

海因里希最初提出的事故因果连锁过程包括如下 5 个因素。

1)遗传及社会环境:遗传因素及社会环境是造成人的性格存在缺陷的原因。遗传因素可能造成鲁莽、固执等不良性格;社会环境可能妨碍教育,助长性格上的缺点发展。

2)人的缺点:人的缺点是使人产生不安全行为或造成机械、物质不安全状态的原因,它包括鲁莽、固执、过激、神经质、轻率等性格上的先天的缺点,以及缺乏安全生产知识和技能等后天的缺点。

3)人的不安全行为或物的不安全状态:所谓人的不安全行为或物的不安全状态是指那些曾经引起过事故,或可能引起事故的人的行为,或机械、物质的状态,它们是造成事故的直接原因。例如,在起重机的吊荷下停留,不发信号就启动机器,工作时间打闹,或拆除安全防护装置等,都属于人的不安全行为;没有防护的传动齿轮,裸露的带电体,照明不良等,则属于物的不安全状态。

4)事故:事故是由于物体、物质、人或放射线的作用或反作用,使人员受到伤害或可能受到伤害的、出乎意料的、失去控制的事件。坠落、物体打击等能使人员受到伤害的事件是典型的事故。

5)伤害:直接由于事故产生的人身伤害。

用多米诺骨牌来形象地描述这种事故因果连锁关系,得到图 2 - 10 所示的多米诺骨牌系列。在多米诺骨牌系列中,一颗骨牌被碰倒了,则将发生连锁反应,其余的几颗骨牌相继被碰倒。如果移去连锁中的一颗骨牌,则连锁被破坏,事故过程被中止。海因里希认为,企业事故预防工作的中心就是防止人的不安全行为,消除机械的或物质的不安全状态,中断事故连锁的进程而避免事故的发生。

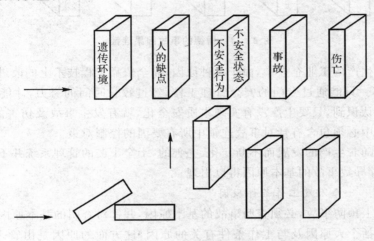

图 2 - 10　海因里希连锁论

海因里希的因果连锁理论认为事故发生的直接原因是人的不安全行为和物的不安全状态,而这又是一系列间接原因和基础原因连续作用的后果,用变化的观点认识了事故演化的过程,强调了事故的因果关系,很好地揭示了事故的本质特征。但是他将事故的基础原因归结为"遗传和环境因素",强调先天性格缺陷等人的缺点为事故基点,这具有时代的局限性,是不可取的。

2.4.5　博德事故因果连锁理论

在海因里希的事故因果连锁中,把遗传和社会环境看作事故的根本原因,表现出了该理论的时代局限性。尽管遗传因素和人员成长的社会环境对人员的行为有一定的影响,却不是影响人员行为的主要因素。在企业中,如果管理者能够充分发挥管理机能中的控制机能,则可以有效地控制人的不安全行为、物的不安全状态。

博德(Frank Bird)在海因里希事故因果连锁的基础上,提出了反映现代安全观点的事故因果连锁(见图 2 - 11)。博德的事故因果连锁过程同样为五个因素,但每个因素的含义与海因里希的都有所不同。

1. **本质原因——管理缺陷**

事故因果连锁中一个最重要的因素是安全管理。安全管理人员应该充分理解他们的工作要以得到广泛承认的企业管理原则为基础,即,安全管理者应该懂得管理的基本理论和原则。控制是管理机能(计划、组织、指导、协调及控制)中的一种机能。安全管理中的控制是指损失控制,包括对人的不安全行为、物的不安全状态的控制。它是安全管理工作的核心。

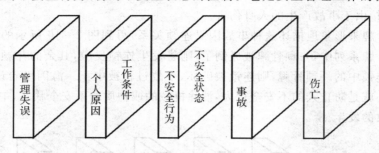

图 2－11　博德的事故因果连锁

大多数正在生产的工业企业中,由于各种原因,完全依靠工程技术上的改进来预防事故既不经济也不现实。只能通过专门的安全管理工作,经过较长时间的努力,才能防止事故的发生。管理者必须认识到,只要生产没有实现本质安全化,就有发生事故及伤害的可能性,因而他们的安全活动中必须包含有针对事故连锁中所有要因的控制对策。

管理系统是随着生产的发展而不断变化、完善的,十全十美的管理系统并不存在。由于管理上的缺欠,能够导致事故的基本原因得以出现。

2. 基本原因——个人及工作条件原因

为了从根本上预防事故,必须查明事故的基本原因,并针对查明的基本原因采取对策。

基本原因包括个人原因及与工作条件有关的原因,这方面的原因是由管理缺陷造成的。个人原因包括缺乏知识或技能,动机不正确,身体上或精神上的问题。工作条件方面的原因包括操作规程不合适,设备、材料不合格,通常的磨损及异常的使用方法等,以及温度、压力、湿度、粉尘、有毒有害气体、蒸气、通风、噪声、照明、周围的状况(容易滑倒的地面、障碍物、不可靠的支持物、有危险的物体)等环境因素。只有找出这些基本原因,才能有效地防止后续原因的发生,从而控制事故的发生。

3. 直接原因——不安全行为和不安全状态

人的不安全行为或物的不安全状态是事故的直接原因。这一直是最重要的、必须加以追究的原因。但是,直接原因不过是像基本原因那样的深层原因的征兆,是一种表面的现象。在实际工作中,如果只抓住了作为表面现象的直接原因而不追究其背后隐藏的深层原因,就永远不能从根本上杜绝事故的发生。另一方面,安全管理应该能够预测及发现这些作为管理缺欠的征兆的直接原因,采取恰当的改善措施;同时,为了在经济上可能及实际可能的情况下采取长期的控制对策,必须努力找出其基本原因。

4. 事故

从实用的目的出发,往往把事故定义为最终导致人员身体损伤、死亡,财物损失的,不希望发生的事件。但是,越来越多的安全专业人员从能量的观点把事故看作是人的身体或构筑物、设备与超过其阈值的能量的接触,或人体与妨碍正常生理活动的物质的接触。于是,防止事故就是防止接触。为了防止接触,可以通过改进装置、材料及设施防止能量释放,通过训练提高工人识别危险的能力、佩戴个人保护用品等来实现。

5. 损失

人员伤害及财物损坏统称为损失。博德的模型中的人员伤害，包括了工伤、职业病，以及对人员精神方面、神经方面或全身性的不利影响。在许多情况下，可以采取恰当的措施使事故造成的损失最大限度地减少，例如，对受伤人员的迅速抢救，对设备进行抢修以及平日对人员进行应急训练等。

2.5　事故的流行病学方法理论

1949 年，葛登（Gorden）论述了流行病病因与事故致因之间的相似性，提出了"用于事故的流行病学方法"理论。葛登认为，工伤事故的发生和易感性可以用与结核病、小儿麻痹症等的发生和感染同样的方式去理解，可以参照分析流行病的方法分析事故。流行病因有以下三种。

1）当事人（病人）的特征，如年龄、性别、心理状况、免疫能力等；

2）环境特征，如温度、湿度、季节、社区卫生状况、防疫措施等；

3）致病媒介特征，如病毒、细菌、支原体等。

这三种因素的相互作用，可以导致疾病的发生。与此相类似，对于事故，一要考虑人的因素，二要考虑作业环境因素，三要考虑引起事故的媒介。

这种流行病学方法考虑当事人（事故受害者）的年龄、性别、生理、心理状况以及环境的特性，例如工作和生活区域、社会状况、季节等，还有媒介的特性，诸如流行病学中的病毒、细菌，但在工伤事故中就不再是范围确定的生物学问题，而应把"媒介"理解为促成事故的能量，即构成伤害的来源，如机械能、位能、电能、热能和辐射能等等。能量和病毒一样都是事故或疾病现象的瞬时原因。但是，疾病的媒介总是绝对有害的，只是有害程度轻重不同而已。而能量在大多数时间里是有利的动力，是服务于生产的一种功能，只有当能量逆流于人体的偶然情况下，才是事故发生的原点和媒介。

流行病学方法比只考虑人失误的早期事故理论有了较大的进步，它明确地提出了原因因素间的关系特性。该理论认识到，事故是三组变量（当事人的特性、环境特性和作为媒介的能量特性）中某些因素相互作用的结果。该理论的不足之处是三组变量包含大量需要研究的内容，众多的因素必须有大量的标本去统计、评价，但缺乏明确的指导。

2.6　能量意外释放理论

2.6.1　能量意外释放论

近代工业的发展起源于将燃料的化学能转变为热能，并以水为介质转变为蒸汽，然后将蒸汽的热能转变为机械能输送到生产现场。这就是蒸汽机动力系统的能量转换情况。电气时代是将水的势能或蒸汽的动能转换为电能，在生产现场再将电能转变为机械能进行产品的制造加工。核电站则是将原子能转变为电能的。总之，能量是具有做功本领的物理元，是由物质和场构成系统的最基本的物理量。

输送到生产现场的能量,依生产的目的和手段不同,可以相互转变为各种形式。按照能量的形势,分为势能(potential energy)、动能(kinetic energy)、热能(heat energy)、化学能(chemical energy)、电能(electric energy)、原子能(atomic energy)、辐射能(radio - active energy)、声能(sound energy)、生物能(biological energy)等。

1961年古布森(Gibson)、1966年哈登(Haddon)等人提出了解释事故发生物理本质的能量意外释放论。他们认为,事故是一种不正常的或不希望的能量释放并转移于人体的现象。

人类利用能量的时候必须采取措施控制能量,使能量按照人们的意图产生、转换和做功。从能量在系统中流动的角度来看,应该控制能量按照人们规定的能量流通渠道流动。如果由于某种原因失去了对能量的控制,就会发生能量违背人的意愿的意外释放或逸出,使进行中的活动中止而发生事故。如果意外释放的能量作用于人体,并且能量的作用超过人体的承受能力,则将造成人员伤害;如果意外释放的能量作用于设备、建筑物、物体等,并且能量的作用超过它们的抵抗能力,则将造成设备、建筑物或物体的损坏。

生产、生活活动中经常遇到各种形式的能量,如机械能、热能、电能、化学能、电离及非电离辐射、声能、生物能等,它们的意外释放都可能造成伤害或损坏。

1)机械能:意外释放的机械能是导致事故时人员伤害或财物损坏的主要的能量类型。机械能包括势能和动能。位于高处的人体、物体、岩体或结构的一部分,相对于低处的基准面有较高的势能。当人体具有的势能意外释放时,发生坠落或跌落事故;物体具有的势能意外释放时,物体自高处落下可能发生物体打击事故;岩体或结构的一部分具有的势能意外释放时,发生冒顶、片帮、坍塌等事故。运动着的物体都具有动能,如各种运动中的车辆、设备或机械的运动部件、被抛掷的物料等。它们具有的动能意外释放并作用于人体,则可能发生车辆伤害、机械伤害、物体打击等事故。

2)电能:意外释放的电能会造成各种电气事故。意外释放的电能可能使电气设备的金属外壳等导体带电而发生所谓的"漏电"现象。当人体与带电体接触时,会遭受电击;电火花会引燃易燃易爆物质而发生火灾、爆炸事故;强烈的电弧可能灼伤人体;等等。

3)热能:人类利用热能的历史可以追溯到远古时代,现今的生产、生活中到处利用热能。失去控制的热能可能灼烫人体、损坏财物、引起火灾。火灾是热能意外释放造成的最典型的事故。应该注意,在利用机械能、电能、化学能等其他形式的能量时,也可能产生热能。

4)化学能:有毒有害的化学物质使人员中毒,是化学能引起的典型伤害事故。在众多的化学物质中,相当多的物质具有的化学能会导致人员急性、慢性中毒,致病、致畸、致癌。火灾中化学能转变为热能,爆炸中化学能转变为机械能和热能。

5)电离及非电离辐射:电离辐射主要指α射线、β射线和中子射线等,它们会造成人体急性、慢性损伤。非电离辐射主要为X射线、γ射线、紫外线、红外线和宇宙射线等射线辐射。工业生产中常见的电焊、熔炉等高温热源放出的紫外线、红外线等有害辐射,会伤害人的视觉器官。

麦克法兰特(McFarland)在解释事故造成的人身伤害或财物损坏的机理时说:"……所有的伤害事故(或损坏事故)都是因为:①接触了超过机体组织(或结构)抵抗力的某种形式的过量的能量;②有机体与周围环境的正常能量交换受到了干扰(如窒息、淹溺等)。因而,各种形式的能量是构成伤害的直接原因。"

人体自身也是个能量系统。人的新陈代谢过程是个吸收、转换、消耗能量,并与外界进行能量交换的过程;人进行生产、生活活动时消耗能量,当人体与外界的能量交换受到干扰时,即人体不能进行正常的新陈代谢时,人员将受到伤害,甚至死亡。

1966 年,美国运输部国家安全局局长哈登(Haddon)引申了吉布森(Gibson)1961 年提出的下述观点:"生物体(人)受伤害的原因只能是某种能量的转换",并提出了"根据有关能量对伤亡事故加以分类的方法"。他将能量分为两类伤害:表 2-1 为人体受到超过其承受能力的各种形式能量作用时受伤害的情况,表 2-2 为人体与外界的能量交换受到干扰而发生伤害的情况。

表 2-1 能量类型与伤害

施加的能量类型	产生的原发性损伤	举例与注释
机械能	移位、撕裂、破裂和压挤,主要伤及组织	由于运动的物体如子弹、皮下针、刀具和下落物体冲撞造成的损伤,以及由于运动的身体冲撞相对静止的设备造成的损伤,如跌倒时、飞行时和汽车事故中。具体的伤害结果取决于合力施加的部位和方式。大部分的伤害属于本类型
热能	炎症、凝固、烧焦和焚化,伤及身体任何层次	第一度、第二度和第三度烧伤,具体的伤害结果取决于热能作用的部位和方式
电能	干扰神经-肌肉功能以及凝固、烧焦和焚化,伤及身体任何层次	触电死亡、烧伤、干扰神经功能,如在电休克疗法中。具体伤害结果取决于电能作用的部位和方式
电离辐射	细胞和亚细胞成分与功能的破坏	反应堆事故,治疗性与诊断性照射,滥用同位素、放射性元素的作用。具体伤害结果取决于辐射能作用部位和方式
化学能	伤害一般要根据每一种或每一组织的具体物质而定	包括由于动物性和植物性毒素引起的损伤、化学烧伤,如氢氧化钾、溴、氟和硫酸,以及大多数元素和化合物在足够剂量时产生的不太严重而类型很多的损伤

表 2-2 干扰能量交换与伤害

影响能量交换的类型	产生的损伤或障碍的种类	举例与注释
氧的利用	生理损害,组织或全身死亡	由物理因素或化学因素引起的中毒或窒息(例如溺水、一氧化碳中毒和氰化氧毒)
热能	生理损害、组织或全身死亡	由于体温调节障碍产生的损害、冻伤、冻死

研究表明,人体对各种形式的能量的作用都有一定的承受能力,或者说有一定的伤害阈值。例如,球形弹丸以 4.9N 的冲击力打击人体时,只能轻微地擦伤皮肤;重物以 68.6N 的冲击力打击人的头部时,会造成颅骨骨折。

事故发生时,在意外释放的能量作用下,人体(或结构)能否受到伤害(或损坏),以及伤害(或损坏)的严重程度如何,取决于作用于人体(或结构)的能量的大小、能量的集中程度、人体(或结构)接触能量的部位、能量作用的时间和频率等。显然,作用于人体的能量越大、越集中,造成的伤害越严重;人的头部或心脏受到过量的能量作用时,会有生命危险;能量作用的时间越长,造成的伤害越严重。

该理论阐明了伤害事故发生的物理本质,指明了防止伤害事故就是防止能量意外释放,防止人体接触能量。根据这种理论,人们要经常注意生产过程中能量的流动、转换,以及不同形式能量的相互作用,防止发生能量的意外释放或逸出。

2.6.2 防止能量意外释放的原则与措施

从能量意外释放论出发,预防伤害事故就是防止能量或危险物质的意外释放,防止人体与过量的能量或危险物质接触。

哈登(Haddon)认为,预防能量转移于人体可用屏蔽防护系统。他把约束、限制能量,防止人体与能量接触的措施叫作屏蔽。这是一种广义的屏蔽。在一定条件下某种形式的能量能否产生伤害、造成人员伤亡事故,应取决于:①人接触能量的大小;②接触时间和频率;③力的集中程度;④屏障设置的早晚,屏障设置得越早,效果越好。按能量大小,可研究建立单一屏蔽还是多重屏蔽(冗余屏蔽)。

防护能量逆流于人体的典型系统可大致分为下述 12 个类型。

1)限制能量:即限制能量的大小和速度,规定安全极限量,在生产工艺中尽量采用低能量的工艺或装备。如限制行车速度,规定矿井照明用低压电等。

2)用较安全的能源取代危险性大的能源:有时被利用的能源的危险性较高,这时可考虑用较安全的能源代替。如用水力采煤取代爆破,应用二氧化碳灭火剂代替四氯化碳等。

3)防止能量蓄积:如控制爆炸性气体的浓度,溜井放矿尽量不要放空(减少和释放位能)等。

4)控制能量释放:建立防护装置,控制能量意外释放。如采用保护性容器(如耐压氧气罐、盛装辐射性同位素的专用容器)以及生活区远离污染源等。

5)延缓能量释放:缓慢地释放能量可以降低单位时间内释放的能量,减轻能量对人体或设施的作用。如采用安全阀、逸出阀、吸收振动装置等。

6)开辟释放能量的渠道:通过新的能量释放渠道将能量安全地释放出来,如接地电线,通过局部通风装置抽排炮烟、抽放煤体中的瓦斯等。

7)设置屏蔽设施:屏蔽设施是一些防止人员与能量接触的物理实体,即狭义的屏蔽。屏蔽设施可以设置在能源上,如防冲击波的消波室、防噪声的消声器以及原子防护屏等;也可以设置在人员身上,如安全帽、安全鞋、手套、口罩等个体防护品。

8)在人、物与能源之间设屏障:在时间和空间上把能量与人、物隔离,如防护罩、防火门、密闭门、防水闸墙等。

9)提高防护标准:如采用双重绝缘工具、连续监测和远距离遥控等。

10)改变工艺流程:变不安全流程为安全流程,如用无毒、少毒的物质代替剧毒物质等。

11)修复或急救:治疗、矫正以及减轻伤害程度或恢复原有功能;限制灾害范围,防止损失扩大;搞好急救,进行自救教育等。

12)信息形式的屏蔽:各种警告措施等信息形式的屏蔽,可以阻止人员的不安全行为或避免发生人为失误,防止人员接触能量。

一定量的能量集中于一点要比它铺开所造成的伤害程度更大。因此,可以通过延长能量释放时间或使能量在大面积内消散的方法来降低其危害的程度;对于需要保护的人和物应远离释放能量的地点,以此来控制由于能量转移而造成的事故。最理想的是,在能量控制系统中优先采用自动化装置,而不需要操作者再考虑采取什么措施。

安全工程技术人员在系统设计时应充分利用能量转移理论,对能量加以控制,使其保持在允许范围内。

能量转移致使伤亡事故发生的理论还需结合因果论、事件树和轨迹交叉等致因伤害论点,加以综合研究。这些研究有赖于伤亡事故模型的建立,以便进一步分析各类型事故的发生规律和机理。

总之,把能量管理好,就可以把安全生产管理好。例如管好电能可以防止触电事故;防止坠井就是把势能管好,不使之转变为动能;防止炮烟中毒就是要管好化学能;冒顶、落石、物体打击也是势能的转换等。

2.6.3　能量观点的事故因果连锁模型

调查伤亡事故原因发现,大多数伤亡事故都是因为过量的能量或干扰人体与外界正常能量交换的危险物质的意外释放引起的,并且几乎毫无例外地,这种过量能量或危险物质的释放都是由于人的不安全行为或物的不安全状态造成的。也就是说,人的不安全行为或物的不安全状态使得能量或危险物质失去了控制,是能量或危险物质释放的导火线。

美国矿山局的札别塔基斯(Michael Zabetakis)依据能量意外释放理论,建立了新的事故因果连锁模型,如图 2-12 所示。

1)事故:事故是能量或危险物质的意外释放,是伤害的直接原因。为防止事故发生,可以通过技术改进来防止能量意外释放,通过教育训练提高职工识别危险的能力,佩戴个体防护用品来避免伤害。

2)不安全行为和不安全状态:人的不安全行为和物的不安全状态是导致能量意外释放的直接原因,它们是管理缺欠、控制不力、缺乏知识、对存在的危险估计错误,或其他个人因素等基本原因的征兆。

3)基本原因:基本原因包括以下三方面。

·企业领导者的安全政策及决策。它涉及生产及安全目标,职员的配置,信息的利用,责任及职权范围,职工的选择、教育训练、安排、指导和监督,信息的传递,设备、装置及器材的采购、维修,正常时和异常时的操作规程,设备的维修保养等。

·个人因素。包括能力、知识、训练,动机、行为,身体及精神状态,反应时间等。

·环境因素。包括自然条件、自然环境等因素。

为了从根本上预防事故,必须查明事故的基本原因,并针对查明的基本原因采取对策。

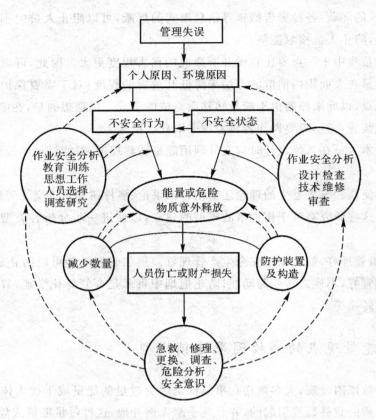

图 2-12 能量观点的事故因果连锁模型

2.6.4 能量观点的两类危险源理论

"危险源"一词,英文为 Hazard,词义为"Hazard - a source danger",即危险的源之意,Hazard 一词有的也译成"危害"。W. 哈默(Willie Hammer)将危险源定义为"可能导致人员伤害或财务损失事故的,潜在的不安全因素"。

危险源是造成事故的一种潜在危险,它是超出人的直接控制之外的某种潜在的环境条件,例如在有发生工伤或职业病的劳动环境中,人的操作存在着众多的危险源。

在系统安全研究中,认为危险源的存在是事故发生的根本原因。防止事故就是消除、控制系统中的危险源。

根据危险源在事故发生、发展中的作用,把危险源划分为两大类,即第一类危险源和第二类危险源。

1. 第一类危险源

根据能量意外释放论,事故是能量或危险物质的意外释放,作用于人体的过量的能量或干扰人体与外界能量交换的危险物质是造成人员伤害的直接原因,于是把系统中存在的、可能发生意外释放的能量或危险物质称为第一类危险源。

一般地,能量被解释为物体做功的本领。做功的本领是无形的,只有在做功时才显现出来。因此,实际工作中往往把产生能量的能量源或拥有能量的能量载体作为第一类危险源来处理,如带电的导体、奔驰的车辆等。

常见的第一类危险源:

1)产生、供给能量的装置、设备;

2)使人体或物体具有较高势能的装置、设备或场所;

3)能量载体;

4)一旦失控可能产生巨大能量的装置、设备或场所,如强烈放热反应的化工装置等;

5)一旦失控可能发生能量蓄积或突然释放的装置、设备或场所,如各种压力容器等;

6)危险物质,如各种有毒、有害、可燃烧爆炸的物质等;

7)生产、加工、储存危险物质的装置、设备或场所;

8)人体一旦与之接触将导致人体能量意外释放的物体。

表 2－3 列出了导致各种伤害事故的典型的第一类危险源。

第一类危险源的危险性与能量的高低、数量的多少有密切关系。第一类危险源具有的能量越多,一旦发生事故其后果越严重;相反,第一类危险源处于低能量状态时比较安全。同样,第一类危险源包含的危险物质的量越多,干扰人的新陈代谢越严重,其危险性越大。

表 2－3　伤害事故类型与第一类危险源

事故类型	能源类型	能量载体或危险物质
物体打击	产生物体落下、抛出、破裂、飞散的设备、场所或操作	落下、抛出、破裂、飞散的物体
车辆伤害	车辆,使车辆移动的牵引设备、坡道	运动的车辆
机械伤害	机械的驱动装置	机械运动部分、人体
起重伤害	起重、提升机械	被吊起的重物
触电	电源装置	带电体、高跨步电压区域
灼烫	热源设备、加热设备、炉、灶、发热体	高温体、高温物质
火灾	可燃物	火焰、烟气
高处坠落	高差大的场所、人员借以升降的设备、装置	人体
坍塌	土石方工程的边坡、料堆、料仓、建筑物、构筑物	边坡土(岩)体、物体、建筑物、构筑物、载荷
冒顶、片帮	矿山采掘空间的围岩体	顶板、两帮围岩
放炮、火药爆炸	炸药	
瓦斯爆炸	可燃性气体、可燃性粉尘	
锅炉爆炸	锅炉	蒸汽
压力容器爆炸	压力容器	内容物
淹溺	江、河、湖、海、池塘、洪水、储水容器	水
中毒窒息	产生、储存、聚集有毒有害物质的装置、容器或场所	有毒有害物质

2. 第二类危险源

在生产和生活中，为了利用能量，让能量按照人们的意图在系统中流动、转换和做功，必须采取措施约束、限制能量，即必须控制危险源。约束、限制能量的屏蔽应该可靠地控制能量，防止能量意外地释放。实际上，绝对可靠的控制措施并不存在。在许多因素的复杂作用下，约束、限制能量的控制措施可能失效，能量屏蔽可能被破坏而发生事故。导致约束、限制能量措施失效或破坏的各种不安全因素称为第二类危险源。

如前所述，札别塔基斯认为，人的不安全行为和物的不安全状态是造成能量或危险物质意外释放的直接原因。从系统安全的观点来考察，使能量或危险物质的约束、限制措施失效、破坏的原因，即为第二类危险源，包括人、物、环境三方面的问题。

1）人失误。人失误是指人的行为的结果偏离了预定的标准，人的不安全行为可被看作是人失误的特例。人失误可能直接破坏对第一类危险源的控制，造成能量或危险物质的意外释放。例如，合错了开关使检修中的线路带电；误开阀门使有害气体泄放等。人失误也可能造成物的故障，物的故障进而导致事故。例如，超载起吊重物造成钢丝绳断裂，进而发生重物坠落事故。

2）物的障碍。物的故障是指由于性能低下不能实现预定功能的现象，物的不安全状态也可以看作是一种故障状态。物的故障可能直接使约束、限制能量或危险物质的措施失效而发生事故。例如，电线绝缘损坏发生漏电；管路破裂使其中的有毒有害介质泄漏等。有时一种物的故障可能导致另一种物的故障，最终造成能量或危险物质的意外释放。例如，压力容器的泄压装置故障，使容器内部介质压力上升，最终导致容器破裂。人失误会造成物的故障，物的故障有时也会诱发人失误。

3）环境因素。环境因素主要指系统运行的环境，包括温度、湿度、照明、粉尘、通风换气、噪声和振动等物理环境，以及企业和社会的软环境。不良的物理环境会引起物的故障或人失误。例如，潮湿的环境会加速金属腐蚀而降低结构或容器的强度；工作场所强烈的噪声影响人的情绪，分散人的注意力而发生人失误。企业的管理制度、人际关系或社会环境影响人的心理，可能引起人失误。

第二类危险源往往是一些围绕第一类危险源随机发生的现象，它们出现的情况决定事故发生的可能性。第二类危险源出现得越频繁，发生事故的可能性越大。

3. 两类危险源事故致因理论

一起事故的发生是两类危险源共同起作用的结果。第一类危险源的存在是事故发生的前提，没有第一类危险源就谈不上能量或危险物质的意外释放，也就无所谓事故。另一方面，如果没有第二类危险源破坏对第一类危险源的控制，也不会发生能量或危险物质的意外释放。第二类危险源的出现是第一类危险源导致事故的必要条件。

在事故的发生、发展过程中，两类危险源相互依存，相辅相成：第一类危险源在事故时释放出的能量是导致人员伤害或财物损坏的能量主体，决定事故后果的严重程度；第二类危险源出现的难易决定事故发生的可能性的大小。两类危险源共同决定危险源的危险性。图2-13所示为两类危险源理论的事故因果连锁模型。

在企业的实际安全工作中,第一类危险源客观上已经存在并且在设计、建造时已经采取了必要的控制措施,因此安全工作的重点仍是第二类危险源的控制问题。

埃姆伯利(D. E. Embrey)提出如图 2-14 所示的分层网络事故致因模型(Model of Accident Causation using Hierarchical Influence Network Elicitation,MACHINE),认为事故的直接原因包括人失误、物的故障和外部事件。

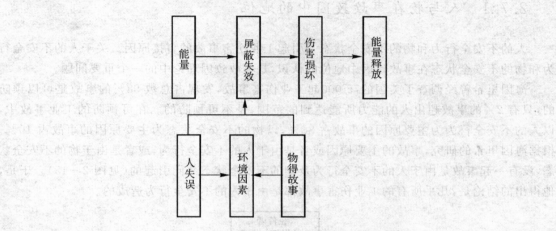

图 2-13 两类危险源理论的事故因果连锁

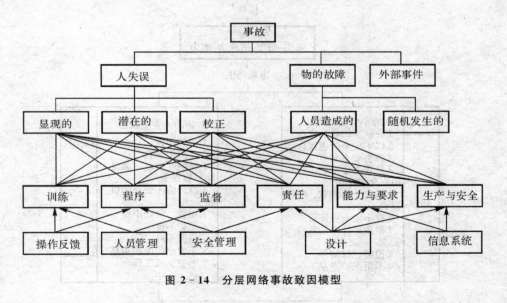

图 2-14 分层网络事故致因模型

埃姆伯利把人失误分为显现的、潜在的和校正失误三类,它们的产生取决于人员训练、操作程序、监督、责任规定、能力与要求的符合程度、生产与安全的协调等因素,而这些因素又取决于操作反馈、人员管理、安全管理、设计和信息通信系统等深层次的因素。

物的故障分为物自身的随机故障和人员造成的故障两类。人员造成的故障又分成设计失误造成的故障和安装、试验、维修过程中人员行为失误造成的故障两类。

外部事件主要是系统运行环境方面的问题。

2.7 轨迹交叉论

2.7.1 人与物在事故致因中的地位

人的不安全行为和物的不安全状态是引起工业伤害事故的直接原因。关于人的不安全行为和物的不安全状态在事故致因中地位的认识,是事故致因理论中的一个重要问题。

海因里希曾经调查了美国的75 000起工业伤害事故,发现占总数98％的事故是可以预防的,只有2％的事故超出人的能力所能达到的范围,是不可预防的。在可预防的工业事故中,以人的不安全行为为主要原因的事故占88％,以物的不安全状态为主要原因的事故占10％。根据海因里希的研究,事故的主要原因或者是由于人的不安全行为,或者是由于物的不安全状态,没有一起事故是由于人的不安全行为及物的不安全状态共同引起的(见图2－15)。于是,他得出的结论是,几乎所有的工业伤害事故都是由于人的不安全行为造成的。

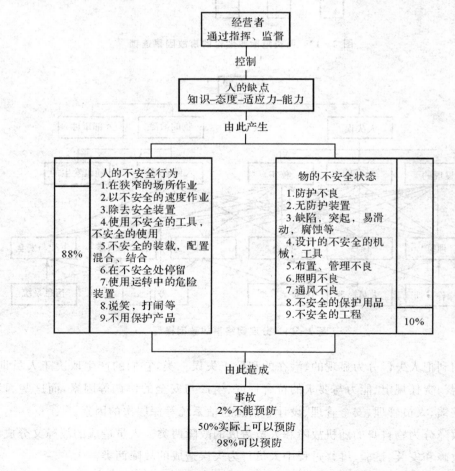

图 2－15 海因里希对事故的直接原因分析结果

后来,这种观点受到了许多研究者的批判。根据日本的统计资料,1969 年机械制造业的休工 8 天以上的伤害事故中,96％的事故与人的不安全行为有关,91％的事故与物的不安全状态有关;1977 年机械制造业的休工 4 天以上的 104 638 件伤害事故中,与人的不安全行为无关的只占 5.50％,与物的不安全状态无关的只占 16.50％。这些统计数字表明,大多数工业伤害事故的发生,既是由于人的不安全行为,也由于物的不安全状态。

对人和物两种因素在事故致因中地位认识的变化,一方面是由于在生产技术进步的同时,生产装置、生产条件不安全的问题越发引起了人们的重视;另一方面是人们对人的因素研究的深入,能够正确地区分人的不安全行为和物的不安全状态。正如约翰逊指出的,判断到底是不安全行为还是不安全状态,受到研究者主观因素的影响,取决于他对问题认识的深刻程度。许多人由于缺乏有关人失误方面的知识,把由于人失误造成的不安全状态看作是不安全行为。

现在,越来越多的人认识到,一起工业事故之所以能够发生,除了人的不安全行为之外,一定存在着某种不安全条件。R. 斯奇巴(R. Skiba)指出,生产操作人员与机械设备两种因素都对事故的发生有影响,并且机械设备的危险状态对事故的发生作用更大些。他认为,只有当两种因素同时出现时,才能发生事故。实践证明,消除生产作业中物的不安全状态,可以大幅度地减少伤害事故的发生。例如,美国铁路车辆安装自动连接器之前,每年都有数百名铁路工人死于车辆连接作业事故中。铁路部门的负责人把事故的责任归因于工人的错误或不注意。后来,根据政府法令的要求,把所有铁路车辆都装上了自动连接器,结果车辆连接作业中的死亡事故大大地减少了。

2.7.2　轨迹交叉论事故致因模型

轨迹交叉论认为,在事故发展进程中,人的因素和物的因素在事故归因中占有同样重要的地位。伤害事故是许多相互联系的事件顺序发展的结果。事故的发生发展过程:基本原因→间接原因→直接原因→导致事故→发生伤害。在事故发展进程中,人的因素的运动轨迹和物的因素的运动轨迹的交点,就是事故发生的时间和空间。即,人的不安全行为和物的不安全状态发生于同一时间、同一空间,或者说人的不安全行为与物的不安全状态相遇,能量转移于人体,则将在此时间、空间发生事故。

轨迹交叉论事故模型如图 2-16 所示。图中,起因物与致害物可能是不同的物体,也可能是同一物体;同样,肇事者和受害者可能是不同的人,也可能是同一个人。

具体地说,人和物的两事件链主要有下述因素。

1. 人的事件链

人的不安全行为基于生理、心理、环境、行为几方面而产生。

①生理遗传,先天身心缺陷;

②社会环境、企业管理上的缺陷;

③后天的心理缺陷;

④视觉、听觉、嗅觉、味觉、触觉等感官差异;

⑤行为失误。人的行动自由度很大,生产劳动中受环境条件影响,加上自身生理、心理缺陷都易于发生失误动作或行为失误。

人的事件链随时间进程的运动轨迹按①→②→③→④→⑤的顺序进行。

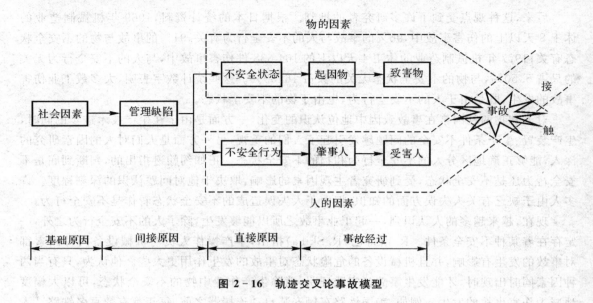

图 2-16 轨迹交叉论事故模型

2. 物的事件链

在机械、物质系列中,从设计开始,经过现场的种种程序,在整个生产过程中各阶段都可能产生不安全状态。

A. 设计、制造上的缺陷,如用材不当,强度计算错误,结构完整性差,错误的加工方法或加工精度低等;

B. 工艺流程上的缺陷,如采矿方法不适应矿床围岩性质等;

C. 维修保养上的缺陷,降低了可靠性,如设备磨损、老化、超负荷运转、维修保养不良等;

D. 使用运转上的缺陷;

E. 作业场所环境上的缺陷。

物质或机械的事件链随时间进程的运动轨迹按 A→B→C→D→E 的方向线进行。

人的因素链的运动轨迹与物的因素链的运动轨迹的交叉点,即人的不安全行为与物的不安全状态同时同地出现,则将发生事故和伤害。人、物两事件链相交的时间与地点(时空),就是发生伤亡事故的"时空",如图 2-17 所示。

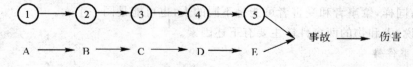

图 2-17 人与物两事件链交叉

在多数情况下,由于企业管理不善,使工人缺乏教育和训练或者机械设备缺乏维护、检修以及安全装置不完备,导致了人的不安全行为或物的不安全状态。若设法排除机械设备或处理危险物质过程中的隐患,或者消除人为失误、不安全行为,使两事件链连锁中断,则两系列运动轨迹不能相交,危险就不会出现,可保证安全生产。

2.7.3　轨迹交叉论在事故预防中的应用

根据轨迹交叉论的观点,消除人的不安全行为可以避免事故。强调工种考核,加强安全教育和技术培训,进行科学的安全管理,从生理、心理和操作管理上控制人的不安全行为的产生,就等于砍断了事故产生的人的因素轨迹。但是应该注意到,人与机械设备不同,机器在人们规定的约束条件下运转,自由度较少;而人的行为受各自思想的支配,有较大的行为自由性。这种行为自由性一方面使人具有搞好安全生产的能动性,另一方面也可能使人的行为偏离预定的目标,发生不安全行为。由于人的行为受到许多因素的影响,控制人的行为是件十分困难的工作。

消除物的不安全状态也可以避免事故。通过改进生产工艺,设置有效安全防护装置,根除生产过程中的危险条件,使得即使人员产生了不安全行为也不致酿成事故。在安全工程中,把机械设备、物理环境等生产条件的安全称作本质安全。在所有的安全措施中,首先应该考虑的就是实现生产过程、生产条件的本质安全。实践证明,消除生产作业中物的不安全状态,可以大幅度地减少伤亡事故的发生。

轨迹交叉理论的侧重点是说明人失误难以控制,但可控制设备、物流不发生故障。某些管理人员,甚至某些领导干部,总是错误地把一切伤亡事故归咎于操作人员"违章作业",实质上,人的不安全行为也是由于教育培训不足等管理欠缺造成的。管理的重点应放在控制物的不安全状态上,即消除"起因物",当然就不会出现"施害物","砍断"物流连锁事件链,使人流与物流的轨迹不相交叉,事故即可避免。

例如,对人而言,强化工种考核、加强安全教育和技术培训,进行科学的安全管理,从生理、心理和操作管理上控制人的不安全行为的产生,就等于砍断了人的事件链。但是,如前所述,对自由度很大且身心性格气质差异均大的人难于控制,偶然失误很难避免。轨迹交叉论强调的是砍断物的事件链,提倡采用可靠性高、结构完整性强的系统和设备,大力推广保险系统、防护系统和信号系统及自动化遥控装置,这样,即使人为失误,构成①→⑤系列,也会因为安全闭锁等可靠性高的安全系统的作用,控制住 A→E 系列的发展,可完全避免伤亡事故。

但是,受实际的技术、经济条件等客观条件的限制,完全地根除生产过程中的危险因素几乎是不可能的,只能努力减少、控制不安全因素,使事故不容易发生。

而且,需要注意的是,在人的因素和物的因素两个运动轨迹中,二者往往是相互关联、互为因果、相互转换的。有时物的不安全状态诱发了人的不安全行为;反之,人的不安全行为又促进了物的不安全状态发展,或导致新的不安全状态出现。因此,人流和物流两条轨迹交叉呈现非常复杂的因果关系。

在安全工程中,首先应考虑的就是实现生产过程、生产条件,即机械设备、物质和环境的本质安全。设置有效的安全防护装置,即使人员工作和操作失误,也不致酿成事故。但是,即使在采取了安全技术措施,增设了安全防护装置,减少、控制了物流的不安全状态的情况下,仍然要强化安全教育、加强安全培训、开展工人和干部的安全心理学的咨询,严格执行安全规程和操作标准化等来规范人的行为,防止人为失误。

总之,根据轨迹交叉论的观点,为了有效地防止事故发生,必须同时采取措施消除人的不安全行为和物的不安全状态。

习题与思考题

2-1 试述事故的概念及特征。

2-2 什么是事故致因理论，事故致因理论的发展经历了哪几个阶段？

2-3 试分析事故致因理论在安全生产作业中的作用。

2-4 海因里希因果连锁论主要观点是什么，根据该理论应如何预防事故的发生？

2-5 流行病学方法对事故致因的分析有何启发作用？

2-6 能量意外释放理论的核心观点是什么，根据能量意外释放理论，人们应如何预防事故？

2-7 什么是轨迹交叉理论，根据轨迹交叉论的观点，应如何预防事故的发生？

2-8 试举例说明综合论在事故分析中的应用。

第3章　事故的预测理论及模型

3.1　事故的预测理论

3.1.1　事故预测的概念与分类

1. 事故预测的概念

事故预测是运用各种知识和科学手段,分析、研究历史资料,对安全生产发展的趋势或可能的结果进行事先的推测和估计。也就是说,预测是从过去和现在已知的情况出发,利用一定的方法或技术去探索或模拟未出现的或复杂的中间过程,进而推断出未来的结果。预测的过程如图 3-1 所示。

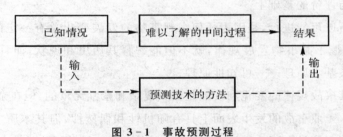

图 3-1　事故预测过程

预测由 4 部分组成,即预测信息、预测分析、预测技术和预测结果。

1)预测信息:在调查研究的基础上所掌握的反映过去、揭示未来的有关情报、数据和资料。

2)预测分析:将各方面的信息资料,经过比较核对、筛选和综合,进行科学的分析和测算。

3)预测技术:预测分析所用的科学方法和手段。

4)预测结果:在预测分析的基础上最后提出的事物发展的趋势、程度、特点以及各种可能的结论。

2. 事故预测的内容和种类

系统安全预测的内容:

1)预测造成事故后果的许多前级事件,包括起因事件、过程事件和情况变化;

2)随着生产的发展以及新工艺、新技术的应用,预测会产生什么样的新危险、新的不安全因素;

3)随着科学技术的发展,预测未来的安全生产面貌及应采取的安全对策。

事故预测按照预测对象范围和预测时间长短可以有不同划分方法。

(1)按预测对象范围的划分法

1)宏观预测:是指对整个行业、一个省区、一个局(企业)的安全状况的预测。

2)微观预测:是指对一个厂(矿)的生产系统或对其子系统的安全状况的预测。

(2)按预测时间长短的划分法

1)长(远)期预测:是指对五年以上的安全状况的预测。它为安全管理方面的重大决策提供科学依据。

2)中期预测:是指对一年以上五年以下的安全生产发展前景进行的预测。它是制订五年计划和任务的依据。

3)短期预测:是指对一年以内的安全状态的预测。它是年度计划、季度计划以及规定短期发展任务的依据。

从预测趋势看,定量、定性、计算机技术的结合是预测研究的主导方向。

3.1.2 事故预测原理和程序

1. 事故预测的原理

现代预测是在调查成果的基础上,通过对有关历史与现状的信息资料的分析研究,探索、揭示其中发展变化的规律,然后根据规律,应用一定的预测技术,推断未来一定时期内发展前景、趋势,得出符合逻辑的结论,为决策提供依据的活动。因此,科学的事故预测应该建立在对事故的统计分析与评价的基础上。

科学预测之所以可能进行,是因为任何客观事物的发展变化总有一定的规律可循。人们在实践中认识、掌握了某事物发展规律,就不但能解释其历史和现状,而且还能预测其未来。这就是预测的一条基本原理——可知性原理。

安全生产及其事故规律的变化和发展是极其复杂和杂乱无章的,但在杂乱无章的背后,往往隐藏着规律性。工业事故的发生表面上具有随机性和偶然性,但其本质上更具有因果性和必然性。对于个别事故具有不确定性,但对大样本则表现出统计规律性。通过应用概率论、数理统计与随机过程等数学理论,就可以研究具有统计规律性的随机事故的规律;而应用惯性原理以及相关性原理、相似性原理以及量变到质变原理,就可以进行科学的事故预测。

(1)惯性原理

任何事物在其发展过程中,从其过去到现在以及延伸至将来,都具有一定的延续性。这种延续性称为惯性。利用惯性原理可以研究事物或一个预测系统的未来发展趋势。例如从一个单位过去的安全生产状况、事故统计资料,可以找出安全生产及事故发展变化趋势,以推测其未来安全状态。惯性越大,影响越大;反之,则影响越小。一个系统的惯性是这个系统内的各个内部因素之间互相联系、互相影响、互相作用,按照一定的规律发展变化的一种状态趋势。因此,只有当系统是稳定的,受外部环境和内部因素的影响产生的变化较小时,其内在联系和基本特征才可能延续下去,该系统所表现的惯性发展结果才基本符合实际。但是,绝对稳定的系统是没有的,因为事物是发展的,惯性在受外力作用时,可使其加速或减速甚至改变方向。这样就需要对一个系统的预测进行修正,即在系统主要方面不变、而其他方面有所偏离时,就应该根据其偏离程度对所出现的偏离现象进行修正。

（2）相关性原理

相关性是指一个安全系统，其属性、特性与事故存在着因果的相关性。事物的因果相关性是普遍存在的，任何事物的变化都不是孤立的，而是相关事物在演变中相互影响的结果。事故和导致事故发生的各种原因（危险因素）之间存在着相关关系，表现为依存关系和因果关系。危险因素是原因，事故是结果，事故的发生是由许多因素综合作用的结果。深入分析事物的依存关系和因果关系以及影响程度是揭示其变化特征和规律的有效途径。

（3）相似性原理

相似性原理是根据两个或两类对象之间存在着某种相同或相似的属性，从一个已知对象具有某个属性来推出另一个对象具有此种属性的一种推理过程，也叫类推原理。如果两事件之间的联系可用数字来表示，就叫定量类推；如果这种联系只能用性质来表示就叫定性类推。常用的类推方法有平衡推算法、代替推算法、因素推算法、抽样推算法、比例推算法和概率推算法。

（4）量变到质变原理

任何一个事物在发展变化过程中都存着从量变到质变的规律。同样，在一个系统中，许多有关安全的因素也都一一存在着从量变到质变的过程。在预测一个系统的安全状况时，也都离不开从量变到质变的原理。

另外，客观事物发展的规律性，是通过偶然性表现出来的，其每一种状态的出现，常常带有一定的随机性，事先也无法完全确定，如事故的发生，往往是随机的。因此，未来虽然可知，但又不可能确知，预测结果与实际状态之间的偏差（即预测误差）在所难免。这就是预测的又一条基本原理——误差性原理。当然，实际上造成误差的，还有很多人为的、主观方面的原因，如预测方法不对或不完善、预测信息不足或质量不高、预测者缺乏有关的知识经验等。科学预测应努力克服这些问题，尽量控制误差范围和缩小误差，提高预测的精度和可信度，满足决策的需要。

2．事故预测的程序

预测是对客观事物发展前景的一种探索性的研究工作，它有一套科学的程序。预测对象不同，预测程度也不一样。但一般来说，预测的程序可分为四个阶段，包含十个步骤。如图 3 - 2 所示。

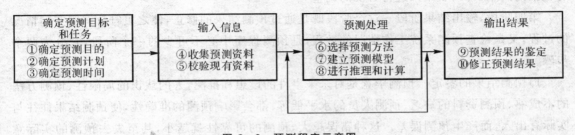

图 3 - 2　预测程序示意图

第一阶段，确定预测目标和任务，预测总是为一定的任务和目标服务的，管理的目标和任务决定了预测的目标和任务。目标清楚，任务明确，才能进行有效的预测。这一阶段有三个步骤。

1）确定预测目的。只有首先明确为解决什么问题而预测，才能确定收集什么资料、采取什么预测方法、应取得何种预测结果，以及预测的重点在哪里等。

2）制定预测计划是预测目的的具体化，主要是规划预测的具体工作，也包括选择和安排预测人员、预测期限、预测经费、预测方法、情报获取的途径等。

3）确定预测时间，不仅要明确预测的起讫时间，更重要的是根据预测的目的和预测对象的不同特点，明确预测本身是近期预测、中期预测，还是远期预测。只有这样，才能使搜集的资料符合预测要求，及时的完成预测任务。

第二阶段，输入信息阶段。根据确定的预测目标和任务，搜集必要的预测信息，是进行预测的前提。预测结果的准确性取决于输入信息的可靠程度和预测方法的正确性，如果输入的信息不可靠或者没有根据，预测的结果必然错误。这一阶段可分为两个步骤：

1）搜集预测资料。预测所需的资料，有纵的资料，也有横的资料。纵的资料是指反映事物发展的历史数据，如历史活动统计资料；横的资料是指某特定时间对同一预测对象所需的各种有关统计资料。

2）检验现有资料。对于已有资料要进行周密的分析检查，这是做好预测工作的关键之一。要检验资料的可靠性，去粗取精，去伪存真。一个假信息或失真的信息比没有信息更坏，它会对预测结果和决策的正确性造成严重的危害。要检查统计资料的正确性和完整性，不够正确的要做适当调整，不完整的要通过调查研究，填平补齐。

第三阶段，预测处理阶段。预测程序的核心正是在这一阶段，根据收集的资料，应用一定的科学方法和逻辑推理，对事物未来发展的趋势进行预料、推测和判断。这一阶段分为三个步骤。

1）选择预测方法。预测方法很多，选择什么样的预测方法，应依据预测目的、预测对象的特点、现有资料情况、预测费用以及预测方法的应用范围等条件来决定。有时还可以把几种预测方法结合起来，互相验证验预测的结果，以提高预测的质量。

2）建立预测模型。通过分析资料和推理判断，揭示所预测对象的结构和变化规律，做出各种假设，最后制定和识别所预测对象的结构和变化模型，这是预测的关键。

3）进行推理和计算。即根据模型进行推理或具体运算，求出初步结果，并考虑模型中所没有包括的因素，对初步结果进行必要的调整。

第四阶段，输出结果阶段。这个阶段既是通过预测结果的修正，使之更符合客观实际情况的过程，又是检查预测系统工作情况的过程，是预测程序中必不可少的一个阶段，它分为两个步骤。

1）预测结果的鉴定。预测毕竟是对未来事件的设想和推测，人的认识的局限性、预测方法的不成熟、预测资料的缺乏、预测人员的水平低等，都会影响预测的准确性，使预测结果往往与实际有出入，而产生预测误差。这种错误越大，预测的可靠性就越小，甚至失去预测的实际意义。因此，必须对预测结果进行鉴定，找出预测与实际产生的误差大小。

2）修正预测结果。分析预测误差的目的，在于观察预测结果与实际情况偏离的程度，并分析、研究发生偏离的原因。如果是由于预测方法和预测模型不完善，就需要改进模型重新计算；如果是由于不确定因素的影响，则应在修正预测结果的同时，估计不确定因素的影响程度。

3.2　事故预测方法及模型

3.2.1　事故预测方法概述

1. 预测分析方法

预测分析是预测的重要组成部分。它是建立在调查研究或科学实验基础上的科学分析。对于任何事物,如果只有情况和数据,没有科学的分析,就不能揭示事物演变的规律及其发展的趋势,也就不能有预测。

预测分析包括定性分析、定量分析、定时分析、定比分析以及对预测结果的评价分析等。

(1)定性分析

定性就是确定预测事物未来的发展性质。凡对缺乏定量数据或难以用数字表示的事物或状态,多采用此法。如政治经济发展形势、社会心理、产品品种、花色、款式、包装装潢、学术活动规律等。定性分析是依靠个人经验、判断能力和直观材料,确定事物发展性质和趋势的一种方法,它也可以与定量分析结合起来使用,以提高预测的可信程度。

(2)定量分析

定量分析就是根据已掌握的大量信息资料,运用统计和数学的方法,进行数量计算或图解,来推断事物发展趋势及其程度的一种方法。定量,定的是影响因素量。因素量是指对预测目标(y)的影响因素(x)的量。研究因素影响(x)与预测目标(y)之间的因果关系及影响程度,可用函数 $y = f(x)$ 来表示。

(3)定时分析

定时分析是对预测对象随时间变化情况的分析。定时,定的是时间影响量,即时间(t)对预测目标(y)的影响量。研究预测目标(y)与时间(t)之间的关系,包括时间序列的发展趋势、季节变化、周期变化和不规则变化等。通过对预测对象随时间变化情况的分析,预测未来事物的发展进程,可用函数 $y = f(t)$ 来表示。

(4)定比分析

定比,定的是结构比例量。比例量是指不同经济事务之间相互影响的比例(或结构量)。如国民经济各部门之间的比例、消费与积累之间的比例、消费品结构比例、商品库存比例等。定比分析是用定比方法来研究和选择事物未来发展的结构关系。

(5)评价分析

在对预测目标进行了定性、定量、定时、定比等分析预测之后,还必须对预测结果进行评价,即对预测结果可能产生的误差运用一定的科学方法进行计算,对预测结果实现的可能性做出估计,借以判断预测结果的准确程度。

预测分析方法现代化、科学化的要求包括定性分析数量化、定量分析模型化、模型分析计算机化等。

2. 事故预测方法分类

事故的预测方法有 150 种以上,常用的也有 20～30 种,主要预测方法及分类如下。

（1）经验推断预测法

经验推断法包括头脑风暴法、德尔菲法、主观概率法、试验预测法、相关树法、形态分析法。

（2）时间序列预测法

时间序列预测法包括滑动平均法、指数滑动平均法、周期变动分析法、线性趋势分析法、非线性趋势分析法等。

（3）计量模型分析法

计量模型分析法包括回归分析法、马尔科夫链预测法、灰色预测法、投入产出分析法宏观经济模型等。

以下各小节分别介绍几种常用的预测方法。

3.2.2 德尔菲预测法

德尔菲预测（Delphi）法是二战后发展起来的一种直观预测法，是根据有专门知识的人的直接经验，对研究的问题进行判断、预测的一种方法，也称专家调查法。他是美国兰德（RAND）公司于 20 世纪 40 年代发明并首先用于预测领域的。德尔菲是古希腊传说中的神谕之地，城中有座阿波罗神殿可以预卜未来，因而借用其名。德尔菲既可用于科技预测，又可用于社会、经济预测；既可用于短期预测，又可用于长期预测。

1. 德尔菲的一半预测程序

德尔菲预测法的实质是利用专家的知识、经验、智慧等无法量化有很大模糊性的信息，通过通信的方式进行信息交换，逐步地取得较一致的意见，达到预测的目的。

德尔菲预测法的基本步骤如下：

第一步：提出要求，明确预测目标，用书面通知被选定的专家、专门人员。专家通常为掌握某一特定领域知识和技能的人。要求每一位专家讲明有什么特别资料可用来分析这些问题以及这些资料的使用方法。同时，也向专家提供有关资料，并请专家提出进一步需要哪些资料。

第二步：专家接到通知后，根据自己的知识和经验，对所预测事物的未来发展趋势提出自己的预测，并说明其依据和理由，书面答复主持预测的单位。

第三步：主持预测单位或领导小组根据专家的预测意见，加以归纳整理；对不同的预测值，分别说明预测值的依据和理由（根据专家意见，但不注明哪个专家的意见），然后再寄给各位专家，要求专家修改自己原有的预测，并提出还有什么要求。

第四步：专家接到第二次通知后，就各种预测意见及其依据和理由进行分析，再进行预测，提出自己修改的预测意见及其依据和理由。如此反复征询、归纳、修改，直到意见基本一致为止。修改的次数根据需要决定。

2. 德尔菲法的特点

德尔菲法是一个可控制的组织集体思想交流的过程，使得由各个方面的专家组成的集体作为一个整体来解答某个复杂问题。该方法有如下特点。

1）匿名性。德尔菲法采用匿名信函询的方式征求意见。由于专家是背靠背提出各自的意见的，因而可免除心理干扰影响。把专家看成一台电子计算机，脑子里储存着许多数据资料，通过分析、判断和计算，可以确定比较理想的预测值。而专家可以参考前一轮的预测结果以修改自己的意见，由于匿名而无须担心有损于自己的威望。

2)反馈性。德尔菲法在预测过程中,要进行 3～4 轮征询专家意见。预测主持单位对每一轮的预测结果做出统计、汇总,提供有关专家的论证依据和资料作为反馈材料发给每一位专家,供下一轮预测时参考。由于每一轮之间的反馈和信息沟通,可进行比较分析,因而能达到相互启发,提高预测准确度的目的。

3)统计性。为了科学地综合专家们的预测意见和定量表示预测结果,德尔菲法对各位专家的估计或预测数进行统计,然后采用平均数或中位数统计出量化结果。

3. 运用德尔菲法预测时应遵循的原则

运用德尔菲法预测时需要遵循以下原则:

1)专家代表面应广泛,人数要适当。通常应包括技术专家、管理专家、情报专家和高层决策人员。人数不宜过多,一般在 20～50 人为宜,小型预测 8～20 人,大型预测可达 100 人左右。

2)要求专家总体的权威程度较高,而且要有严格的专家的推荐与审定程序。

3)问题要集中,要有针对性,不要过分分散,以便使各个事件构成一个有机整体。问题要按等级排队,先简单,后复杂;先综合,后局部,这样易于引起专家回答问题的兴趣。

4)调查单位或领导小组意见不应强加于调查的意见之中,要防止出现诱导现象,避免专家的评价向领导小组靠拢。

5)避免组合事件。如果一个事件包括两个方面,一方面是专家同意的,另一方面则是不同意的,这样,专家就难以做出回答。

4. 德尔菲法的优缺点

德尔菲法的优点:

1)可以加快预测速度和节约预测费用;

2)可以获得各种不同但有价值的观点和意见。

德尔菲法的缺点:

1)责任比较分散;

2)专家的意见有时可能不完整或不切合实际。

3.2.3　时间序列预测法

时间序列是指一组按时间顺序排列的有序数据序列。时间序列预测法,是从分析时间序列的变化特征等信息中,选择适当的模型和参数,建立预测模型,并根据惯性原则,假定预测对象以往的变化趋势会延续到未来,从而做出预测。

时间序列预测法的基本思想是把时间序列作为一个随机应变量序列的一个样本,用概率统计方法尽可能减少偶然因素的影响,或消除季节性、周期性变动的影响,通过分析时间序列的趋势进行预测。该预测方法的一个明显特征是所用的数据都是有序的。这类方法预测精度偏低,通常要求研究系统相当稳定,历史数据量要大,数据的分布趋势较为明显。

1. 滑动平均法

一般情况下,可以认为未来的状况与较近时期的状况有关。根据这一假设,可采用与预测期相邻的几个数据的平均值,随着预测期向前滑动,相邻的几个数据的平均值也向前滑动作为滑动预测值。

假设未来的状况与过去 t 个月的状况关系较大,而与更早的情况联系较少,因此可用过去 t 个月的平均值作为下个月的预测值,经过平均后,可以减少偶然因素的影响。平均值可用如下列公式计算:

$$\overline{x_{t+1}} = \frac{x_t + x_{t-1} + \cdots + x_{t-(t-1)}}{t} \tag{3-1}$$

式中　$\overline{x_{t+1}}$ —— 预测值;

　　　t —— 时间单位数;

　　　x —— 实际数据;

也可以用求和符号把上面的公式归纳为

$$\overline{x_{t+1}} = \frac{1}{t} \sum_{i=0}^{t-1} x_{t-i} \tag{3-2}$$

在这一方法中,对各项不同时期的实际数据是同等看待的。但实际上距离预测期较近的数据与较远的数据,它们的作用是不等的,尤其在数据变化较快的情况下更应该考虑到这一点。

为了克服上述缺点,可采用加权滑动平均法来缩小预测偏差。加权滑动平均法根据距离预测期的远近以及预测对象的不同,给各期的数据以不同的权数,把求得的加权平均数作为预测值。

对不同月份数据进行加权后,其公式为

$$\overline{x_{t+1}} = \frac{c_t x_t + c_{t-1} x_{t-1} + \cdots + c_{t-(t-1)} x_{t-(t-1)}}{c_t + c_{t-1} + \cdots + c_{t-(t-1)}} \tag{3-3}$$

式中　c_t —— 各期的权数;

　　　x_t —— 各期的实际数据。

由式(3-3)可得

$$\overline{x_{t+1}} = \frac{\sum\limits_{i=0}^{t-1} c_{t-i} x_{t-i}}{\sum\limits_{i=0}^{t-1} c_{t-i}} \tag{3-4}$$

2. 指数滑动平均法

指数滑动平均法是滑动平均法的改进,它既有滑动平均法的优点,又减少了数据的存储量,应用方便。

指数滑动平均法的基本思想是把时间序列看作一个无穷的序列,即 $x_i, x_{t-1}, \cdots, x_{t-i}$。

把 $\overline{x_{t+1}}$ 看作是这个无穷序列的一个函数,即

$$\overline{x_{t+1}} = a_0 x_t + a_1 x_{t-1} + \cdots + a_i x_{t-i} \tag{3-5}$$

为了在计算中使用单一的权数,并且使权数之和等于 1,即 $\sum\limits_{i=0}^{+\infty} a_i = 1$,令

$$a_0 = a, \quad a_k = a(1-a)^k, \quad k = 1, 2, \cdots, n$$

当 $0 < a < 1$ 时,有

$$\sum_{i=0}^{+\infty} a_i = 1$$

这样,应用指数滑动平均法得到的预测值 $\overline{x_{t+1}}$ 为

$$\begin{aligned}
\overline{x}_{t+1} &= ax_t + a(1-a)x_{t-1} + a(1-a)^2 x_{t-2} + \cdots + a(1-a)^i x_{t-i} = \\
&\quad ax_t + (1-a)[ax_{t-1} + a(1-a)x_{t-2} + a(1-a)^2 x_{t-2} + \cdots + a(1-a)^{i-1} x_{t-i}] = \\
&\quad ax_t + (1-a)\overline{x}_t
\end{aligned}$$

(3－6)

即　　　　　　预测值＝平滑系数×前期实际值＋(1－平滑系数)×前期预测值

上面的公式并项后,可得

$$\overline{x}_{t+1} = \overline{x}_t + a(x_t - \overline{x}_t)$$

(3－7)

即　　　　　　预测值＝前期预测值＋平滑系数×(前期实际值－前期预测值)

由此可见,指数滑动平均法得到的预测值$\overline{x}_{t+1}$是上一时期的实际值x_t和预测值$\overline{x}_t$的加权平均而得的。或者是上一时期的预测值$\overline{x}_t$加上实际与预测值的偏差的修正值而得。

平滑系数a的取值大小对时间序列均匀程度影响很大,a的选定取决于实际情况。一般来说,近期数据作用越大,值就取得越大。根据经验,在实际应用中a取 0.8 或 0.7 为宜。

3.2.4　回归分析法

要准确地预测,就必须研究事物的因果关系。回归分析法就是一种从事物变化的因果关系出发的预测方法。它利用数理统计原理,在大量统计数据的基础上,通过寻求数据变化规律来推测、判断和描述事物未来的发展趋势。

事物变化的因果关系可用一组变量来描述,即自变量与因变量之间的关系。一般可以分为两大类。一类是确定的关系,它的特点是自变量为已知时就可以准确地求出因变量,变量之间的关系可用函数关系确切地表示出来;另一类是相关关系,或称为非确定关系,它的特点是虽然自变量与因变量之间存在密切的关系,却不能由一个或几个自变量的数值准确地求出因变量,在变量之间往往没有明确的数学表达式,但可以通过观察,运用统计方法,大致地或平均地说明自变量与因变量之间的统计关系。回归分析法正是根据这种相互关系建立回归方程的。

1. 一元线性回归法

比较典型的回归法是一元线性回归法,它是根据自变量(x)与因变量(y)的相互关系,用自变量的变动来推测因变量变动的方向和程度,其基本方程式为

$$y = a + bx$$

(3－8)

式中　y——因变量;

　　　x——自变量;

　　a,b——回归系数。

进行一元线性回归,应首先收集事故数据,并在以时间为横坐标的坐标系中,画出各个相对应的点,根据图中各点的变化情况,就可以大致看出事故变化的某种趋势,然后进行计算,求出回归直线。

回归系数a,b是根据统计的事故数据,通过以下方程组来决定的:

$$\left.\begin{aligned}
\sum y &= na + b\sum x \\
\sum xy &= a\sum x + b\sum x^2
\end{aligned}\right\}$$

(3－9)

式中　x——自变量,为时间序号;

y——因变量，为事故数据。

解上述方程组，得：

$$a = \frac{\sum x \sum xy - \sum x^2 \sum y}{\left(\sum x\right)^2 - n \sum x^2}$$

$$b = \frac{\sum x \sum y - n \sum xy}{\left(\sum x\right)^2 - n \sum x^2}$$

$$(3-10)$$

a 和 b 确定之后就可以在坐标系中画出回归直线。

【例 3-1】 表 3-1 是某矿务局 1978—1987 年顶板事故死亡人数的统计数据，试用一元线性回归方法建立其预测方程。

表 3-1 某矿务局 1978—1987 年顶板事故死亡人数统计数据

年　度	时间顺序 x	死亡人数 y/人	x^2	xy	y^2
1978	1	30	1	30	900
1979	2	24	4	48	576
1980	3	18	9	54	324
1981	4	4	16	16	16
1982	5	12	25	60	144
1983	6	8	36	48	64
1984	7	22	49	154	484
1985	8	10	64	80	100
1986	9	13	81	117	169
1987	10	5	100	50	25
合　计	$\sum x = 55$	$\sum y = 146$	$\sum x^2 = 385$	$\sum x \cdot y = 657$	$\sum y^2 = 2802$

解　将表中数据代入上述方程组便可求出 a 和 b 的值，即

$$a = \frac{\sum x \sum xy - \sum x^2 \sum y}{\left(\sum x\right)^2 - n \sum x^2} = \frac{55 \times 657 - 385 \times 146}{55^2 - 10 \times 385} = 24.3$$

$$b = \frac{\sum x \sum y - n \sum xy}{\left(\sum x\right)^2 - n \sum x^2} = \frac{55 \times 146 - 10 \times 657}{55^2 - 10 \times 385} = -1.77$$

故回归直线的方程为

$$y = 24.3 - 1.77x$$

在坐标系中画出回归直线，如图 3-3 所示。

在回归分析中，为了了解回归直线对实际数据变化趋势的符合程度的大小，还应求出相关系数 r。其计算公式如下：

$$r = \frac{L_{xy}}{\sqrt{L_{xx} L_{yy}}}$$

$$(3-11)$$

式中

$$L_{xy} = \sum xy - \frac{1}{n} \sum x \sum y$$

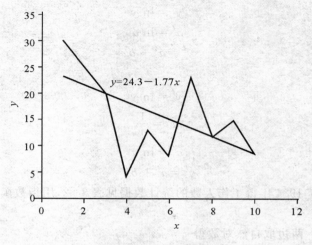

图 3 - 3　一元回归直线图

$$L_{xx} = \sum x^2 - \frac{1}{n}\left(\sum x\right)^2$$

$$L_{yy} = \sum y^2 - \frac{1}{n}\left(\sum y\right)^2$$

将表 3 - 1 中的有关数据代入,即

$$L_{xy} = 657 - \frac{1}{10} \times 55 \times 146 = -146$$

$$L_{xx} = 385 - \frac{1}{10} \times 55^2 = 82.5$$

$$L_{yy} = 2802 - \frac{1}{10} \times 146^2 = 670.4$$

因此

$$r = \frac{-146}{\sqrt{82.5 \times 670.4}} = -0.62$$

$|r| = 0.62 > 0.6$,说明回归直线与实际数据的变化趋势相符合。故,可根据所建立的回归直线预测方程对以后的死亡人数趋势进行预测。

注意:相关系数 $r=1$ 时,说明回归直线与实际数据的变化趋势完全相符;$r=0$ 时,说明 x 与 y 之间完全没有线性关系。在大部分情况下,$|r|<1$。这时,就需要判别变量 x 与 y 之间有无密切的线性相关关系。一般来说,r 越接近于 1,说明 x 与 y 之间存在着的线性关系越强,用线性回归方程来描述这两者的关系就越合适,利用回归方程求得的预测值也就越可靠。

2. 一元非线性回归方法

在回归分析法中,除了一元线性回归法外,还有一元非线性回归分析法、多元线性回归分析法、多元非线性回归分析法等。

非线性回归的回归曲线有多种,选用哪一种曲线作为回归曲线,则要看实际数据在坐标系中的变化分布形状。也可根据专业知识确定分析曲线。非线性回归的分析方法是通过一定的变换,将非线性问题转化为线性问题,然后利用线性回归的方法进行回归分析。根据专业知识和实用观点,这里仅列举一种非线性回归曲线 —— 指数函数。

(1)$y = a\mathrm{e}^{bx}$

令
$$y' = \ln y$$
$$a' = \ln a$$

则有
$$y' = a' + bx$$

(2) $y = ae^{\frac{b}{x}}$

令
$$y' = \ln y$$
$$x' = \frac{1}{x}$$
$$a' = \ln a$$

则有
$$y' = a' + bx'$$

【例 3-2】 某矿 1984 年得工伤人数的统计数据见表 3-2,用指数函数 $y = ae^{bx}$ 进行回归分析。

解 对 $y = ae^{bx}$ 两边取自然对数得
$$\ln y = \ln a + \ln b$$

令
$$y' = \ln y$$
$$a' = \ln a$$

则
$$y' = a' + bx$$

用一元线性回归方程计算公式得

$$a' = \frac{\sum x \sum xy' - \sum x^2 \sum y'}{\left(\sum x\right)^2 - n \sum x^2} = \frac{78 \times 99.337 - 650 \times 19.129}{78^2 - 12 \times 650} \approx 2.73$$

$$b = \frac{\sum x \sum y' - n \sum xy'}{\left(\sum x\right)^2 - n \sum x^2} = \frac{78 \times 19.129 - 12 \times 99.337}{78^2 - 12 \times 650} \approx -0.175$$

因为
$$a' = \ln a$$
所以
$$a = e^{a'} = e^{2.73} \approx 15.33$$

故指数回归方程为
$$y = 15.33e^{-0.175x}$$

求相关系数 r,有

$$L_{xy'} = \sum xy' - \frac{1}{n} \sum x \sum y' \approx -25.00$$

$$L_{xx} = \sum x^2 - \frac{1}{n} \left(\sum x\right)^2 = 143$$

$$L_{y'y'} = \sum y' - \frac{1}{n} \left(\sum y'\right)^2 = 5.84$$

得
$$r = \frac{L_{xy'}}{\sqrt{L_{xx} L_{y'y'}}} \approx -0.87$$

$r = -0.87$,说明用指数曲线进行回归分析,在一定程度上反映了该矿工伤人数的趋势。故,可根据建立的回归方程对以后工伤人数发展趋势进行预测。

回归分析方法还可用于事故预测。根据过去的事故变化情况和事故统计数据进行回归分析,由得到的回归曲线方程,预测判断下一时段的事故变化趋势,以指导下一步的安全工作。

表 3 - 2　某矿 1984 年工伤人数统计表

月份	时间序号 x	工伤人数 y / 人	$y' = \ln y$	x^2	xy'	y'^2
1	1	15	2.708	1	2.708	7.333
2	2	12	2.458	4	4.97	6.175
3	3	7	1.946	9	5.838	3.787
4	4	6	1.792	16	7.168	3.211
5	5	4	1.386	25	6.93	1.931
6	6	5	1.609	36	9.654	2.589
7	7	6	1.792	49	12.544	3.211
8	8	7	1.946	64	15.568	3.78
9	9	4	1.386	81	12.474	7.000
10	10	4	1.386	100	13.86	1.921
11	11	2	0.696	121	7.623	0.489
12	12	1	0	144	0	0
合计	$\sum x = 78$	$\sum y = 73$	$\sum y' = 19.129$	$\sum x^2 = 650$	$\sum xy' = 99.337$	$\sum y'^2 = 78$

3.2.5　马尔柯夫链预测法

若事物未来的发展及演变仅受当时状况的影响,即具有马尔柯夫性质,且一种状态转变为另一种状态的规律又是在可知的情况下,就可以利用马尔柯夫链的概念进行计算和分析,预测未来特定时刻的状态。

马尔柯夫链是表征一个系统在变化过程中的特性状态,可用一组随时间进程而变化的变量来描述。如果系统在任何时刻上的状态都是随机性的,则变化过程是一个随机过程,当时刻 t 变到 $t+1$,状态变量从某个取值变到另一个取值,系统就实现了状态转移。而系统从某种状态转移到各种状态的可能性大小,可用转移概率来描述。

马尔柯夫计算所使用的基本公式如下:

已知,初始状态向量为

$$\boldsymbol{s}^{(0)} = \left[s_1^{(0)}, s_2^{(0)}, s_3^{(0)}, \cdots, s_n^{(0)} \right] \tag{3-12}$$

状态转移概率矩阵为

$$\boldsymbol{p} = \begin{bmatrix} p_{11} & \cdots & p_{1n} \\ \vdots & \ddots & \vdots \\ p_{n1} & \cdots & p_{nm} \end{bmatrix} \tag{3-13}$$

状态转移概率矩阵是一个 n 阶方阵,它满足概率矩阵的一般性质,即有

1)$0 \leqslant p_{ij} \leqslant 1$;

2)$\sum_{j=1}^{n} p_{ij} = 1$。

满足这两个性质的行向量称为概率向量。

状态转移概率矩阵的所有行向量都是概率向量;反之,所有行向量都是概率向量组成的矩阵,即概率矩阵。

一次转移向量 $s^{(1)}$ 为

$$s^{(1)} = s^{(0)} p \qquad (3-14)$$

二次转移向量 $s^{(2)}$ 为

$$s^{(2)} = s^{(1)} p = s^{(0)} p^2 \qquad (3-15)$$

类似地

$$s^{(k+1)} = s^{(0)} p^{k+1} \qquad (3-16)$$

【例 3-3】 某单位对 1 250 名接触矽尘人员进行健康检查,职工的健康状况分布见表3-3。

表 3-3 本年度接尘职工健康状况

健康状况	健 康	疑似矽肺	矽 肺
代表符号	$s_1^{(0)}$	$s_2^{(0)}$	$s_3^{(0)}$
人数 / 人	1 000	200	50

根据统计资料,前年到去年各种健康人员的变化情况如下:

健康人员继续保持健康者剩 70%,有 20% 变为疑似矽肺,10% 的人被定为矽肺,即:

$$p_{11} = 0.70, \quad p_{22} = 0.20, \quad p_{13} = 0.10$$

原有疑似矽肺者一般不可能恢复为健康者,仍保持原状者为 80%,有 20% 被正式定为矽肺,即

$$p_{21} = 0, \quad p_{22} = 0.8, \quad p_{23} = 0.2$$

矽肺患者一般不可能恢复为健康或返回疑似矽肺,即

$$p_{31} = 0, \quad p_{32} = 0, \quad p_{33} = 1$$

状态转移概率矩阵为 $\quad p = \begin{bmatrix} 0.7 & 0.2 & 0.1 \\ 0 & 0.8 & 0.2 \\ 0 & 0 & 1 \end{bmatrix}$

试预测来年接尘人员的健康状况。

解 一次转移向量:

$$s^{(1)} = s^{(0)} p [s_1^{(0)}, s_2^{(0)}, s_3^{(0)}] \begin{bmatrix} p_{11} & p_{12} & p_{13} \\ p_{21} & p_{22} & p_{23} \\ p_{31} & p_{32} & p_{33} \end{bmatrix} = [1000 \quad 200 \quad 50] \begin{bmatrix} 0.7 & 0.2 & 0.1 \\ 0 & 0.8 & 0.2 \\ 0 & 0 & 1 \end{bmatrix}$$

一年后健康者的人数 $s_1^{(1)}$ 为

$$s_1^{(1)} = [s_1^{(0)}, s_2^{(0)}, s_3^{(0)}] \begin{bmatrix} p_{11} \\ p_{21} \\ p_{31} \end{bmatrix} = [1000 \quad 200 \quad 50] \begin{bmatrix} 0.7 \\ 0 \\ 0 \end{bmatrix} =$$

$$1000 \times 0.7 + 200 \times 0 + 50 \times 0 = 700$$

一年后疑似矽肺人数 $s_2^{(1)}$ 为

$$s_2^{(1)} = \left[s_1^{(0)}, s_2^{(0)}, s_3^{(0)} \right] \begin{bmatrix} p_{12} \\ p_{22} \\ p_{32} \end{bmatrix} = \begin{bmatrix} 1000 & 200 & 50 \end{bmatrix} \begin{bmatrix} 0.2 \\ 0.8 \\ 0 \end{bmatrix} =$$

$$1000 \times 0.2 + 200 \times 0.8 + 50 \times 0 = 360$$

一年后矽肺患者人数 $s_3^{(1)}$ 为

$$s_3^{(1)} = \left[s_1^{(0)}, s_2^{(0)}, s_3^{(0)} \right] \begin{bmatrix} p_{13} \\ p_{23} \\ p_{33} \end{bmatrix} = \begin{bmatrix} 1000 & 200 & 50 \end{bmatrix} \begin{bmatrix} 0.1 \\ 0.2 \\ 1 \end{bmatrix} =$$

$$1000 \times 0.1 + 200 \times 0.2 + 50 \times 1 = 190$$

预测结果表明,该单位矽肺发展速度快,必须立即加强防尘工作和医疗卫生工作。

3.2.6　灰色预测法

灰色系统(grey system)理论是我国著名学者邓聚龙教授 20 世纪 80 年代初创立的一种兼备软硬科学特性的新理论。该理论将信息完全明确的系统定义为白色系统,将信息完全不明确的系统定义为黑色系统,将信息部分明确、部分不明确的系统定义为灰色系统。灰色系统内的一部分信息是已知的,另一部分信息是未知的,系统内各因素间具有不确定的关系。例如构成系统安全的各种关系是一个灰色系统,各种因素和系统安全主行为的关系是灰色的,人、机、环境系统中三个子系统之间的关系也是灰色关系,安全系统所处的环境也是灰色的。因此就可以利用灰色预测模型对安全系统进行预测。

尽管灰色过程中所显示的现象是随机的,但毕竟是有序的,因此这一数据集合具备潜在的规律。灰色预测通过鉴别系统因素之间发展趋势的相异度,即进行关系分析,并对原始数据进行生成处理来寻找系统变动的规律,生成有较强规律性的数据序列,然后建立相应的微分方程模型,从而预测事物未来发展趋势的状况。

灰色系统预测是从灰色系统的建模、关联度及残差辨识的思想出发,获得关于预测的新概念、观点和方法的一种理论。

将灰色系统理论用于厂矿企业预测事故,一般选用 GM(1,1) 模型,是一个一阶的变量微分方程模型。

1. 灰色预测建模方法

设原始离散数据序列 $x^{(0)} = \{ x_1^{(0)}, x_2^{(0)}, x_3^{(0)}, \cdots, x_n^{(0)} \}$,其中 n 为序列长度对其进行一次累加生成处理,有

$$x_k^{(1)} = \sum_{j=1}^{k} x_j^{(0)}, \quad k = 1, 2, \cdots, n \tag{3-17}$$

则以生成序列 $x^{(1)} = \{ x_1^{(0)}, x_2^{(0)}, x_3^{(0)}, \cdots, x_n^{(0)} \}$ 为基础建立灰色的生成模型

$$\frac{\mathrm{d} x^{(1)}}{\mathrm{d} t} + a x^{(1)} = u \tag{3-18}$$

称为一阶灰色微分方程,记为 GM(1,1),式中 a, u 为待辨识参数。

设参数向量 $a = \begin{bmatrix} a & u \end{bmatrix}^{\mathrm{T}}$,$\boldsymbol{y}_n = \begin{bmatrix} x_2^{(0)}, x_3^{(0)}, \cdots, x_n^{(0)} \end{bmatrix}^{\mathrm{T}}$ 和

$$B = \begin{bmatrix} -(x_2^{(1)} + x_1^{(1)})/2 & 1 \\ \vdots & \vdots \\ -(x_n^{(1)} + x_{n-1}^{(1)})/2 & 1 \end{bmatrix}$$

则由式(3-19)求得最小二乘解：

$$a = (B^T B)^{-1} B^T y_n \tag{3-19}$$

时间响应方程,为

$$\bar{x}_1^{(1)} = (x_1^{(1)} - \frac{u}{a})e^{-ak} + \frac{u}{a} \tag{3-20}$$

离散响应方程,为

$$\bar{x}_{k+1}^{(1)} = (x_1^{(1)} - \frac{u}{a})e^{-ak} + \frac{u}{a} \tag{3-21}$$

式中,$x_1^{(1)} = x_1^{(0)}$。

将$\bar{x}_{k+1}^{(1)}$计算值作累减还原,即得到原始数据的估计值：

$$\bar{x}_{k+1}^{(0)} = \bar{x}_{k+1}^{(1)} = \bar{x}_k^{(1)} \tag{3-22}$$

GM(1,1)模型的拟合残差中往往还有一部分动态有效信息,可以通过建立残差GM(1,1)模型对原模型进行修正。

2. 预测模型的后验差检验

可以用关联度及后验差对预测模型进行检验,下面介绍后验差检验。记0阶残差为

$$\varepsilon_1^{(0)} = x_i^{(0)} - \bar{x}_i^{(0)} \tag{3-23}$$

式中,$\bar{x}_i^{(0)}$是通过预测模型得到的预测值。

残差均值,为

$$\bar{\varepsilon}^{(0)} = \frac{1}{n}\sum_{i=1}^{n}\varepsilon_i^{(0)} \tag{3-24}$$

残差方差,为

$$s_1^2 = \frac{1}{n}\sum_{i=1}^{n}(\varepsilon_i^{(0)} - \bar{\varepsilon})^2 \tag{3-25}$$

原始数据均值,为

$$\bar{x} = \frac{1}{n}\sum_{i=1}^{n}x_i^{(0)} \tag{3-26}$$

原始数据方差,为

$$s_2^2 = \frac{1}{n}\sum_{i=1}^{n}(x_i^{(0)} - \bar{x})^2 \tag{3-27}$$

为此可检验后验差检验指标：

后验差比值,为

$$c = s_1/s_2 \tag{3-28}$$

小误差概率,为

$$p = p\{|\varepsilon_i^0 - \bar{\varepsilon}^{(0)}| < 0.674\ 5s_2\} \tag{3-29}$$

按照上述两指标,可从表3-4查出精度检验等级。

表 3 - 4　精度检验等级

预测精度等级	p	c
好(good)	> 0.95	< 0.35
合格(qualified)	> 0.80	< 0.5
勉强(justmark)	> 0.70	< 0.45
不合格(unqualified)	$\leqslant 0.70$	$\geqslant 0.65$

【**例 3 - 4**】　已知某矿 1980—1988 年千人负伤率见表 3 - 5,试用 GM(1,1)模型对该矿 1989 年、1990 年两年的千人负伤率进行灰色预测,并对拟合精度进行后验差检验。

表 3 - 5　某矿 1980—1988 年千人负伤率

年　份	1980	1981	1982	1983	1984	1985	1986	1987	1988
千人负伤率/(‰)	56.165	55.65	49.525	34.585	14.405	9.525	8.97	6.475	4.11

解　由表 3 - 5 可得

$$x^{(0)} = [56.165 \quad 55.65 \quad 49.525 \quad 34.585 \quad 14.405 \quad \cdots \quad 4.110]$$

$$x^{(1)} = [56.165 \quad 111.815 \quad 161.34 \quad 195.925 \quad 210.33 \quad \cdots \quad 239.41]$$

故可建立数据矩阵 B, y_n:

$$B = \begin{bmatrix} -83.99 & 1 \\ -136.5775 & 1 \\ \vdots & \vdots \\ -237.355 & 1 \end{bmatrix}$$

$$y_n = [55.65 \quad 49.525 \quad 34.585 \quad 14.405 \quad 9.525 \quad \cdots 4.110]^{\mathrm{T}}$$

由式(3 - 19)可得

$$a = \begin{bmatrix} a \\ u \end{bmatrix} = \begin{bmatrix} 0.372\ 85 \\ 93.333\ 6 \end{bmatrix}$$

则

$$a = 0.372\ 85$$

$$u = 93.333\ 6$$

将 a, u 代入式(3 - 21)可得

$$\overline{x}_{k+1}^{(1)} = 250.331 - 194.16 e^{-0.372\ 85k}$$

$$\overline{x}_{k+1}^{(1)} = \overline{x}_{k+1}^{(1)} - \overline{x}_k^{(0)}$$

计算结果见表 3 - 6。

表 3 - 6　千人负伤率灰色预测值

年　份	序　号	$x^{(0)}$	$x^{(1)}$	灰色预测		
				$x^{(1)}$	$x^{(0)}$	$\varepsilon^{(0)}$
1980	1	56.165	56.165	56.165	56.165	0
1981	2	55.65	111.815	116.594	60.429	-4.779
1982	3	49.525	161.34	158.215	41.621	7.904
1983	4	34.585	195.925	186.883	28.668	5.917

续表

年 份	序 号	$x^{(0)}$	$x^{(1)}$	灰色预测		
				$x^{(1)}$	$x^{(0)}$	$\varepsilon^{(0)}$
1984	5	14.405	210.33	206.628	19.745	−5.34
1985	6	9.525	219.855	220.228	13.6	−4.075
1986	7	8.97	228.825	229.595	9.367	−0.397
1987	8	6.475	235.3	260.047	6.452	−0.397
1988	9	4.11	239.41	240.491	4.444	−0.334
1989	10			243.551	3.06	
1990	11			245.66	2.109	

进行后验差检验：

$$\varepsilon_1^{(0)} = x_i^{(0)} - \bar{x}_i^{(0)}, \quad i = 1, 2, \cdots, n$$

$$\varepsilon_1^{(0)} = 0.4408, \quad s_1 = 4.1589$$

$$\bar{x}^{(0)} = 26.60, \quad s_2 = 21.00$$

则

$$c = s_1 / s_2 = 0.198 < 0.35$$

$$p = p\{ |\varepsilon_i^0 - \bar{\varepsilon}^{(0)}| < 0.6745 s_2 \} = 1 > 0.95$$

对照表 3-4 知，灰色系统预测拟合精度为好，预测结果正确可靠。

习题与思考题

3-1　什么是事故预测？应如何分类？

3-2　事故预测的原理有哪些？

3-3　预测分析的方法有哪些？其现代化、科学化的要求是什么？

3-4　简述德尔菲预测法的步骤和特点。

3-5　某企业 2005—2013 年间，事故伤亡人数分别为 61, 77, 73, 47, 46, 59, 50, 31, 33 人。试分用回归预测法和灰色系统预测法预测该企业 2016 年的事故伤亡人数。

第4章   燃烧与爆炸

4.1   燃烧及燃烧条件

4.1.1   燃烧的定义

燃烧是可燃物与助燃物(空气、氧气或其他氧化性物质)发生的一种发热发光的剧烈氧化还原反应。失控的燃烧便酿成了火灾。一切燃烧反应均是氧化还原反应。氧气和空气是常见的助燃物,即氧化剂,但燃烧反应中的氧化不仅局限于可燃物和氧的化合。例如氢气在氯气中燃烧,氯气是氧化剂。燃烧过程有三个特征:放热、发光、生成新物质。许多时候燃烧还伴随着浓烟,一般燃烧放出的热可以维持剩余物质持续燃烧。

在燃烧反应过程中,总是伴随着化学键的断裂和生成。断键过程吸收热量,生成键过程放出热量,燃烧反应过程中生成键的过程放出热量远远大于断键过程吸收的热量,所以燃烧总是放出热量。由于断键需要一定的能量,所以燃烧开始需要一定的初始温度。根据物理化学的自由能理论,燃烧反应物的自由能 $G_{反应物}$ 高,产物的自由能 $G_{产物}$ 低,整个过程中物质的自由能减少,$\Delta G = G_{产物} - G_{反应物}$,$\Delta G < 0$,所以燃烧过程开始后能自发进行。

燃烧能发出光也是由于急剧放出大量的热量造成的,燃烧产物 —— 气体、固体粒子、半分解产物等处于炽热状态,被热量激发到较高能量状态,回到低能量状态时,多余的能量以光的形式放出,因此发光。

4.1.2 燃烧的条件

1. 燃烧的必要条件

具备一定数量和浓度的可燃物和助燃物,以及具备一定能量的点火能源,同时存在并且发生相互作用,才是引起燃烧的必要条件。缺少其中任一条件,燃烧便不会发生。因此所有的防火措施都在于防止这三个条件的同时存在,所有的灭火措施都在于消除其中的任一条件或多个条件。

可燃物、助燃物和点火源是燃烧的三个必要条件,即燃烧三要素,俗称"火三角",其关系如图 4-1 所示。

1) 可燃物:能与空气中的氧或其他氧化剂发生化学反应的物质,如汽油、石油气、推进剂燃料、甲烷、煤、木材等。

2) 助燃物:燃烧反应中的氧化剂,能帮助和支持燃烧的物质,如空气、氧气、氯气、硝酸盐、氯酸盐、高锰酸钾等。最常见的氧化剂是空气中的氧气,约占空气体积的 21%,所以一般可燃物在空气中均能燃烧。

3）点火源：能引起可燃物发生燃烧的能源，点火源实质上是向可燃物和助燃物发生氧化反应提供初始能量，如明火、电火花、摩擦或撞击火花、静电火花、雷电火花、反应热、高温表面或炽热物体、绝热压缩产生的热能等。

图 4-1　火三角

2. 燃烧的充分条件

可燃物在适量的助燃物存在的环境中遇到足够能量的着火源就可发生燃烧。但如果可燃气体含量在燃烧极限（着火极限）以外，或助燃物含量过低，或点火能源不足，尽管燃烧的三个必要条件具备，同样可以不发生燃烧现象。

1）可燃物与助燃物达到一定的浓度比例。可燃物与助燃物必须在一定浓度范围内，即可燃混合气达到燃烧极限，同时两者的浓度要满足一定比例，可燃物才能被点燃并传播火焰。以燃料在空气中燃烧现象为例，燃烧过程的化学反应速度或释放能量的速度由燃料和空气两者的浓度的乘积所决定，故其中任何一个浓度严重降低，均能使反应速度减少并使释放的热能不能及时补偿热量的散失，致使燃烧不能发生。

2）点火源的强度，即温度或热量要足够大。使燃烧发生必须具备一定能量的点火源。触发初始燃烧化学反应的能量的临界值，即最小点火能。最小点火能大小反映了物质被点燃的难易程度，数值越低表明其被点燃的危险程度越高。如果引燃源的能量低于此值，便不能将可燃物引燃。如用热能引燃甲烷和空气的混合气，当点燃温度低于 595℃ 时，燃烧便不会发生。电焊火星温度可达1 200℃ 以上，很容易引起空气中汽油、丙酮、甲苯等易燃液体的蒸气发生燃烧或爆炸，但通常不会引燃木块。这是因为火花温度虽高，但热量不足，故不能引燃木材。但当大量火花不断落在木块上时，可以引起木块燃烧。又如，人体静电火花很容易使汽油蒸气着火，而绝对不会引发沥青燃烧。

4.2　燃烧形式及过程

可燃物质可以是固体、液体或气体，由于其状态的不同，燃烧形式与燃烧过程也各异。但无论燃烧物质是气体、液体还是固体，绝大多数的可燃物质的燃烧是在气体或蒸气状态下进行的，即绝大多数可燃物质是先转化成为气体，然后再进行的燃烧。

4.2.1　气体燃烧

可燃气体最容易燃烧，因为它不像固体和液体需要经过熔化、蒸发等过程，其燃烧时所需的热量仅用于可燃气体的氧化分解，所以可燃气体只要达到其本身氧化反应所需的温度便能燃烧。由于各种可燃气体的化学组成不同，它们的燃烧过程也不相同。简单的可燃气体燃烧只经过受热和氧化过程，而复杂的可燃气体燃烧，要经过受热、氧化、分解等过程才能进行。

气体在空气、氧气及其他助燃气体中燃烧时，可燃物质和助燃物质间的燃烧反应在同一相态（气相）中进行，如氢气在氧气中的燃烧、天然气在空气中的燃烧，这种燃烧过程称为均相燃烧。根据燃烧气体与助燃气体混合的先后,气体燃烧可分为混合燃烧和扩散燃烧。

1. 混合燃烧

可燃气体与助燃气体在管道、容器或空间中扩散混合,预先混合成混合可燃气体的燃烧,称为混合燃烧,也叫动力燃烧。由于可燃气体和助燃气体混合充分,所以燃烧速度往往很快,温度也高,通常混合气体的爆炸反应就属于这种类型。

2. 扩散燃烧

可燃气体由容器或管道中喷出,同周围的空气或氧气接触,可燃气体分子和氧分子互相扩散,边混合边进行的燃烧,称为扩散燃烧。扩散燃烧形成的火焰称为扩散焰,扩散焰的结构如图 4-2 所示。

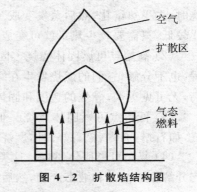

图 4-2　扩散焰结构图

扩散燃烧可分成稳定扩散燃烧和喷流式燃烧两种。在稳定扩散燃烧中,气体由容器中出来与空气混合,容器中出来的气体均与空气混合进行了燃烧,这种扩散燃烧只要有效控制就不会发生爆炸。沼气或管道燃气做饭,瓦斯灯照明都属于利用稳定扩散燃烧,其燃烧主要取决于可燃气体流出的速度,此类燃烧强度较低,比较容易被扑灭。

喷流式扩散燃烧是可燃气体从压力管道、压力容器或其他压力场所喷出时被点燃,例如可燃气体从高压储罐中喷出的燃烧、天然气井发生井喷时的燃烧。此类燃烧的特点是火焰高、燃烧强度大,如不切断气源很难扑救。

在扩散燃烧中,通常由于与可燃气体接触的氧气量偏低,燃烧不完全,而产生黑烟甚至炭黑。

4.2.2　液体燃烧

可燃液体的燃烧,有的是从可燃液体蒸发出来的蒸气进行的燃烧,所以也叫蒸发燃烧。难挥发的可燃液体受热后分解出可燃性蒸气,然后这些可燃性气体进行燃烧,这种燃烧形式称为分解燃烧。由于可燃液体与空气相态不同,因此液体燃烧是非均相燃烧。

蒸发燃烧的快慢取决于液体挥发的难易程度,挥发性好的液体燃烧速度快,反之则慢。液体开始燃烧时表面温度低,蒸发速度慢,燃烧速度也慢,随着燃烧的进行。液体温度上升,蒸发速度加快,燃烧速度也加快,火焰也随之增高。如果不能阻断空气,可燃液体可能完全燃尽。液体燃烧主要分为扩散燃烧、喷流式燃烧和动力燃烧,高黏度且组分复杂、沸程宽的液体还会发生沸溢燃烧。

1) 扩散燃烧。常压下液体自由表面的燃烧是边蒸发、边扩散、边进行氧化燃烧,燃烧速度比气体慢。

2) 喷流式燃烧。在压力作用下,从容器或管道中喷射出来的液体燃烧属于喷流式燃烧。

3) 动力燃烧。可燃液体的蒸气或液雾预先与空气混合,遇火源往往产生带有冲击力的动力燃烧。快速喷出的低闪点液雾的表面积大、蒸发快,与空气混合后,燃烧过程就类似于可燃气体的动力燃烧。汽油在汽缸内的喷雾燃烧就属于这种情况。

4) 沸溢燃烧。多组分混合可燃液体,如原油及其产品属于沸程较宽的混合液体,在连续燃烧时,沸点低的轻质组分浮向表面并首先被蒸发,沸点高的重质组分则携带其接受的热量向液体深层沉降,又加热了深层低沸点组分,导致其上浮,这种现象称为沸溢。沸溢往往导致喷射现象,这种燃烧称为沸溢燃烧或沸溢喷射燃烧。

4.2.3　固体燃烧

可燃固体的燃烧可分为简单可燃固体燃烧、高熔点可燃固体燃烧、低熔点可燃固体燃烧和复杂可燃固体燃烧等四种情况。

（1）简单可燃固体燃烧。硫、磷、钾、钠等都属于简单的可燃固体,由单质所组成。它们燃烧时,先受热熔化,然后蒸发变成蒸气而燃烧,所以也属于蒸发燃烧。这类物质的燃点、熔点都比较低,只需要较少热量就可变成蒸气,而且没有分解过程,所以容易着火。

（2）高熔点可燃固体燃烧。固体碳和铝、镁、铁等金属熔点较高,在热源作用下无汽化过程,也不分解,它们的燃烧发生在空气和固体表面接触的部位,能产生红热的表面,燃烧温度较高,无可见火焰,燃烧的速度和固体表面的大小有关。这种燃烧形式也称表面燃烧。

（3）低熔点可燃固体燃烧。低熔点可燃固体常温下是固体,受热后熔融,然后蒸发为蒸气,如石蜡、沥青、松香等固体燃烧均属于此类。

（4）复杂可燃固体燃烧。这类物质有木材、煤、纸、橡胶、合成树脂等。这类物质受热时首先分解生成气态和液态产物,然后产物的蒸气再发生氧化燃烧。

在火灾事故现场,可燃气体、液体、固体的燃烧不是完全孤立的,各种燃烧形式往往同时存在。无论何种形式的燃烧过程,都包括吸热和放热的化学过程以及传热的物理过程。物质受热燃烧时,温度变化是很复杂的,燃烧过程的温度变化如图 4-3 所示。

T_A 为可燃物开始加热时的温度,这时加热的热量主要用于可燃物的熔化、蒸发汽化或分解,所以,这时可燃物温度上升较缓慢。

T_B 时可燃物开始氧化,由于温度低,氧化速度较慢,氧化所产生的热量不足以克服系统向外界的散热。此时若停止加热,可燃物将降低温度,故而不能引起燃烧。若继续加热,会使氧化反应加剧,温度上升很快。

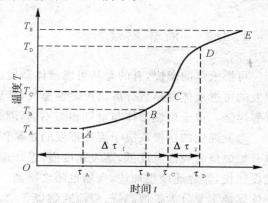

图 4-3　物质燃烧过程温度变化

T_C 为可燃物的自燃点,即氧化产生的热量与系统向外界的散热相等,若温度再升高,便打破这种平衡状态,即使停止加热,温度亦能自行上升。

达到 T_D 时可燃物燃烧,同时出现火焰。此时温度还会继续上升,达到温度 T_E。

从上述情况可以看出,T_C 是可燃物理论上的自燃点,但由于 T_C 时的燃烧现象不明显,所以通常试验测出的自燃点是产生火焰时 T_D 值,可燃物温度在 T_A 和 T_C 之间,是它的受热区域,所需的时间($\tau_C - \tau_A$)称作预备期 $\Delta\tau_1$。理论自燃点 T_C 和实测自燃点 T_D 之间的时间间隔是可燃物在空气中的反应区域,所需的时间($\tau_D - \tau_C$)称作燃烧诱导期 $\Delta\tau_2$。

可燃物处于预备期时,只要移去热源,即可终止燃烧过程。处于诱导期的可燃物,温度升高很快,产生大量烟气。一些固体可燃物的诱导期长,诱导期越短说明物质越易燃烧,如氢的诱导期仅需 0.01 s。安全工作中,通过对诱导期的温度、燃烧产物的信息的监控,运用防灭火控制装置,能阻止火灾事故的发生。

4.2.4　完全燃烧和不完全燃烧

可燃物燃烧完全与否不仅与助燃物供给量有关,并且还与其他可燃物扩散混合的均匀程度有关。如助燃气供给量足够,并与可燃物混合非常均匀,则燃烧反应近于完全燃烧。

物质在燃烧时生成的气体、蒸气和固体物质称为燃烧产物。其中能被人们看见的燃烧产物叫烟雾,它实际上是由燃烧产生的悬浮固、液体粒子和气体的混合物。其粒径一般为 $0.01 \sim 10 \mu m$。

在燃烧反应过程中,如果生成的燃烧产物不能再燃烧,这种燃烧为完全燃烧,其燃烧产物为完全燃烧产物。如果生成的燃烧产物还能继续燃烧,则这种燃烧称为不完全燃烧,其燃烧产物为不完全燃烧产物。

燃烧产物与灭火工作有着非常密切的关系。燃烧产物对于灭火工作既有有利的一面,也有不利的一面。燃烧产物在一定条件下,能起到阻燃作用。同时,燃烧的产物能为火情侦察提供依据。燃烧产物能造成人员中毒、窒息,影响逃生和救援人员的视线,成为火势进一步发展和蔓延的因素。这些都是燃烧产物对灭火工作不利的方面。

4.3　闪点、燃点与自燃点

4.3.1　闪燃和闪点

任何液体的表面都有蒸气存在,其浓度主要取决于液体的温度。可燃液体表面的蒸气与空气形成的混合可燃气体,遇到点火源以后,只出现瞬间闪火而不能持续燃烧的现象称为闪燃。引起闪燃时的最低温度成为闪点。液体在闪点温度时是不能持续燃烧的。由闪点的定义可知,闪点是针对可燃液体而言的,但某些固体出于在室温或略高于室温的条件下即能挥发或升华,以致在周围的空气中的浓度达到闪燃的浓度,所以也有闪点,如硫、樟脑等升华性的可燃固体。

一些常见可燃液体的闪点见表 4-1。闪点是评价可燃液体火灾危险性的重要参数之一。温度处于闪点,液体蒸发的速度并不快,蒸发出来的蒸气仅能维持一瞬间的燃烧,还来不及补充新蒸气,所以一闪即灭。从安全角度讲,闪燃是将要起火的征兆。若温度高于闪点时,可燃液体随时都有被点燃的危险。我国 GB 50016-2010《建筑设计防火规范》为区分场所火灾危险性的大小,采取相对应的安全措施,按照闪点的高低,将可燃液体进行了分类,其中甲类液体是闪点小于 28℃ 的液体,乙类液体是闪点不小于 28℃ 而小于 60℃ 的液体,闪点不小于 60℃ 的液体为丙类液体。

可燃液体的闪点可用实验方法测试,常用的闪点测定仪有开杯式和闭杯式两种,因此测出的闪点有开口(开杯)闪点和闭口(闭杯)闪点之分。由于测定方法的不同,以及影响因素的差异,文献中给出的闪点数据常略有不同,应注意甄别,或根据实际情况实测,特别是纯度低或组成有变化的化学液体更应以实测为准。不同种类的液体,化学组成不相同,闪点也各不相同,因此,闪点是表征可燃液体特性的重要参数之一。

表 4-1　常见可燃、易燃液体闪点

物质名称	闪点/℃	物质名称	闪点/℃	物质名称	闪点/℃
丁烷	-60.0	对二甲苯	25.0	乙醚	-45
戊烷	-40.0	邻二甲苯	30.0	丙酮	-20
己烷	-25.5	间二甲苯	25.0	丁酮	-14
庚烷	-4.0	萘	78.9	乙醛	-39
辛烷	12.0	甲醇	11.0	丙醛	15
苯	-11.0	乙醇	12.0	丁醛	-16
甲苯	4.4	丙醇	15.0	汽油	-50
乙苯	15.0	丁醇	29.0	煤油	43～72

4.3.2　点燃与燃点

可燃物质在空气充足的条件下,达到一定温度与火源接触即行着火,移去火源后仍能持续燃烧的现象称为点燃,对应的最低温度为该物质的燃点,即着火点。

对于可燃液体来说,当液体的温度超过一定温度时,液体蒸发出的蒸气就足以维持持续燃烧。能维持持续燃烧的液体最低温度就是该液体的燃点(着火点)。可燃液体的燃点都高于其闪点,对易燃液体来说,一般相差 1～5℃,而可燃液体可能相差几十摄氏度,但闪点在 100℃ 以下时,两者往往相同,燃点大于或等于闪点。

点燃的含义包括局部加热,就是用较小的火源去加热局部的液体。加速局部液体表面上蒸气浓度提高,火源的能量远高于最小点火能,所以当液体局部被点燃后,释放的热量足以维持持续燃烧,点燃意味着强迫着火。

气体、液体、固体可燃物都有燃点。可燃气体除氨以外,其燃点都低于 0℃,而易燃液体的燃点比闪点高 1～5℃,所以对于控制易燃液体危险性首先应考虑它的闪点和燃点。控制可燃固体和闪点比较高的可燃液体的温度在燃点以下,是预防火灾发生的一个措施。在灭火时采用冷却法,其原理就是将燃烧物质的温度降到它的燃点以下,使燃烧过程中止。

4.3.3　自燃与自燃点

燃烧的本质是可燃物与助燃物发生氧化还原反应,体系的温度越高,则化学反应的速度越快,释放的热量也越多,热量加热作用又提高燃烧速度。在着火之前,只要氧化还原反应释放出的热量能足以维持物质温度不下降,且温度能较快地上升,燃烧反应(着火)就开始了。不同物质的燃点高低不同。但只要温度达到或超过其燃点就能着火。

可燃物质在助燃物中(如空气),在无外界明火的直接作用下,由于受热或自行发热能引燃并持续燃烧的现象叫自燃。在一定环境条件下,可燃物质产生自燃的最低温度称为自燃点,也叫引燃温度。部分物质的引燃温度见表 4 - 2。

表 4 - 2　部分物质的引燃温度

物质名称	引燃温度/℃	物质名称	引燃温度/℃
甲烷	538	苯	560
乙烷	472	甲苯	535
丙烷	450	邻二甲苯	463
乙烯	425	间二甲苯	525
乙炔	305	对二甲苯	525
氯乙烷	510	乙苯	432
萘	540	甲醇	455
硫化氢	260	乙醇	422
黄磷	30	丙醇	405

引燃温度下,氧化作用产生热量的速度较快,足以维持周围可燃物高于其引燃温度。引燃温度不是一个恒定的物理常数,是随着一系列条件变化而变化的,其影响因素主要有可燃物浓度、压力、容器、添加剂,或杂质、固体物质的粉碎程度等。

可燃气体和液体蒸气的浓度对自燃温度有较大影响,在爆炸上限和下限浓度时自燃温度较高,而当浓度略大于化学计量浓度时,自燃温度最低。

可燃气体和液体所处环境的压力越高,自燃点越低;氧含量越高,自燃点越低。

催化剂(也可能是添加剂)能降低或提高物质的自燃点,活性催化剂如铁、钴、镍等的氧化物能降低某些可燃物的自燃点,钝性催化剂能提高物质的自燃点,如化工设备材质为铁、钴、镍及其合金,有可能充当活性催化剂。

容器直径小到一定程度时可以阻燃。大部分的固体自燃点低于气体和液体的自燃点,因前者蓄热条件好。熔融的固体,自燃点影响因素与液体和气体相同。固体物质受热分解出的气体可燃物越多,自燃点越低。固体的粉碎度也影响其自燃点,固体粒度越细,自燃点越低。可燃固体自燃点随受热时间长短而发生变化,如木材、棉花长时间受热,自燃点降低。

根据加热热源不同,物质自燃分为受热自燃和自热自燃两种类型。

1. 受热自燃

空气或氧气中的可燃物在外部热源作用下,温度逐渐升高,当达到自燃点时,即可着火燃烧,这种现象称为受热自燃。可燃固体、液体可以发生受热自燃,浓度在爆炸范围内的混合气体也可以发生受热自燃。

厂房、库房若有可能出现可燃气、液体蒸气或可燃粉尘,与它们接触的任何物体,如电气设备、化工设备、蒸气管道等,外表面的温度必须低于可燃物的自燃点,以免发生自燃。

物质发生受热自燃取决于以下两个条件。

1)有外部热源(如接触灼热物体、明火、摩擦生热、化学反应生热、绝热压缩生热、热辐射等作用)。

2)有热量积蓄的条件,即产热高于散热速度或外部持续加热,温度持续升高足以达到物质自燃点。

在生产或作业中,受热自燃可能发生在高温的设备和管道内,由此也能导致爆炸事故。因此,应避免可燃物料靠近或接触高温设备、烘烤过度、熬炼油料或油浴温度过高、机械转动部件润滑不良而摩擦生热、电气设备过载或使用不当造成温升等情况发生,以预防受热自燃的发生。

2. 自热自燃

可燃物质在无外部热源的影响下,其内部发生物理、化学或生化变化而产生热量,并不断积累使物质温度上升,达到其自燃点而燃烧,这种现象称为自热燃烧。

在常温的空气中能发生化学、物理、生物化学作用而释放出氧化热、分解热、吸附热、聚合热、发酵热等热量的物质均可能发生自热燃烧。例如,植物油(如亚麻仁油、棉籽油等不饱和油脂)由于分子中含有不饱和的双键(—C═C—),当它们被吸附在棉纱上,和空气接触机会多,能够发生氧化作用放出氧化热,在积热不散的条件下能自燃;硝化棉及其制品(如火药、硝酸纤维素、赛璐珞等)在常温下会自发分解放出分解热,而且它们的分解反应具有自催化作用,容易导致燃烧或爆炸;在密闭容器内的液态氰化氢,若含有少量水分,极易因发生聚合作用而产生聚合热,导致爆炸;植物和农副产品(如稻草、木屑、粮食等)若含有水分,会产生发酵热,若积热不散,温度逐渐升高到自燃点,引起自燃。

引起自热自燃的条件有 3 个。

1)存在自行发热的物质,例如,化学上不稳定的容易分解或自聚合且发生放热反应的物质;能与空气中的氧气作用而产生氧化热的物质;由发酵而产生发酵热的物质等。

2)物质要具有较大的比表面积或是呈多孔隙状,如纤维、粉末或重叠堆积的片状物质,并有良好的绝热和保温性能。

3)热量产生的速度必须大于向环境散发的速度,能持续升温。

满足了这 3 个条件,自热自燃才会发生。因此,防止这 3 个条件并存就能预防自热自燃的发生。

4.4　燃　烧　理　论

4.4.1　活化能理论

燃烧过程是一种化学反应过程,分子间相互碰撞是发生化学反应的必要条件。在标准状况下,单位时间、单位体积内分子互相碰撞约 1 028 次,相互碰撞的分子之间会产生一定的排斥力,阻止分子之间相互直接碰撞。发生分子间碰撞不一定发生反应,只有少数具有足够大能量的分子相互碰撞才发生反应,这种碰撞称为反应碰撞或有效碰撞。这种分子称为活化分子。活化分子具有的能量比普通分子高。

在分子获得足够的能最后,其动能增加,碰撞时能引起分子中原子或原子团之间结合减弱,分子内部发生重排,发生氧化还原反应。这些碰撞属于有效碰撞。当温度较低时,分子具有的平均能量比较低,而当温度较高时,分子具有的平均能量比较高。无论是高温还是低温,各个分子的能量也不是平均分布的,有的分子能量高有的分子能量低,近似呈高斯分布。能量比较高的部分所占比例比较少,但随着温度的升高,分子的平均能量随之增高。因此,当温度低时,不是绝对不能发生反应,而是能够发生反应的分子所占的比例很小,表现出反应速度极慢,不会引发燃烧反应。活化分子的能量必须比平均能量高出一定量时才能够发生燃烧反应。使常温下的普通分子变成活化分子所必需的能量称为活化能。不向分子提供活化能,分子就不能克服活化能这个能垒。正是有活化能的存在,物质才有高出常温很多的燃点,也才有一定条件下反应非常剧烈的两种物质在低温下混合时却不发生反应的现象。活化能理论的解释如图 4-4 所示。

图 4-4 中,横坐标表示反应进程,纵坐标表示分子能量。由图 4-4 可见,反应物能级 I 的能量大于生成物能级 II 的能量,即系统由高能状态到低能状态,燃烧反应过程是放热的。能级 II 与能级 I 的能量差 Q_v 为反应放出的热量,即反应热效应,状态 K 的能级大小相当于使反应发生所必需的能量。分子只有获得足够能量,达到能级 K 时,才能发生燃烧反应。所以,正向反应的活化能 ΔE_1 等于能级 K 与能级 I 能量差,而反向反应的活化能 ΔE_2 等于能级 K 与能级 II 的能量差。ΔE_2 和 ΔE_1 的差值等于反应的热效应 Q_v。

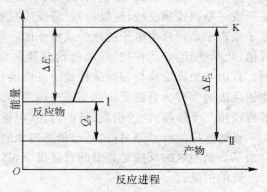

图 4-4　活化能理论示意图

当火源接触可燃物质时,部分分子获得能量成为活化分子,活化分子数量增加,有效碰撞次数增加,其放出的热量及火源提供的能量能够活化其他分子,而发生燃烧反应。例如,氧与氢反应的活化能为 25 kJ/mol,在 27℃时,仅有十万分之一次的有效碰撞,不会引起燃烧反应,而当接触明火时,活化分子增多,使有效碰撞次数大大增加而发生燃烧。

活化能理论指出了可燃物、助燃物两种气体分子发生氧化反应的可能性和反应的条件。根据活化能理论,温度对着火起着决定性作用,所以有时也称活化能理论为燃烧的"热理论"。

4.4.2　过氧化理论

气体分子在各种能量(如热能、辐射能、电能、化学反应能等)作用下可被活化。在燃烧反应中,首先是氧在热能作用下被活化而形成过氧键—O—O—,可燃物质与过氧键结构加合成为过氧化物。过氧化物不仅能氧化可形成过氧化物的物质,也能氧化氧分子较难氧化的物质。

按照该理论的解释,氢和氧的燃烧反应,应该是首先生成过氧化氢,而后过氧化氢与氢反应再生成水。反应式如下:

$$H_2 + O_2 = H_2O_2$$
$$H_2O_2 + H_2 = 2H_2O$$

有机过氧化物可视为过氧化氢的衍生物,即过氧化氢 H—O—O—H 中的一个或两个氢原子被烷基所取代,生成 H—O—O—R 或 R—O—O—R′。所以过氧化物是可燃物质被氧化的最初产物,是不稳定的化合物,在受热、撞击、摩擦等情况下分解甚至燃烧或爆炸。如蒸馏乙醚的残渣中,常由于形成过氧乙醚而引起自燃或爆炸。

过氧化物理论解释了为什么物质在气态下有被氧化的可能性。

4.4.3 连锁反应理论

气态分子间的燃烧反应,不是两个分子直接反应生成最后产物,而是被称为中间产物的活性自由基、自由原子或离子与另一分子间的作用,其结果除了生成一个产物分子外,同时还生成一个或几个新的自由基,新自由基又迅速参与反应,生成更新的自由基和产物,如此延续下去形成一系列连锁反应(链反应)。链反应只有在自由基消失时,才会终止增长。自由基、自由原子或离子是带自由电子的原子或原子团。通常自由基是由反应物分子如受光辐射、热、电或其他(化学能)能量的作用,即吸收活化能的能量大于键的结合能时,键能较低处断键而产生的。自由基的高反应性和持续性是链反应的特点,燃烧、爆炸、聚合、热解都具有链反应特征。连锁反应通常分为直链反应和支链反应两类。无论是何种类型的连锁反应,整个反应过程一般要经历 3 个阶段:链的引发、链的传递(包括支化)和链的终止。

直链反应的特点是,自由基与价态饱和的分子反应时活化能很低,反应后仅生成一个新的自由基。氯和氢的反应是典型的直链反应,其反应机理如下。

链的引发:

$$Cl_2 \xrightarrow{hv} 2Cl\cdot \tag{4-1}$$

链的传递:

$$Cl\cdot + H_2 \rightarrow HCl + H\cdot \tag{4-2}$$
$$H\cdot + Cl_2 \rightarrow HCl + Cl\cdot \tag{4-3}$$
$$Cl\cdot + H_2 \rightarrow HCl + H\cdot \tag{4-4}$$
$$H\cdot + Cl_2 \rightarrow HCl + Cl\cdot \tag{4-5}$$
$$\cdots\cdots$$

链的终止:

$$H\cdot + Cl\cdot \rightarrow HCl \tag{4-6}$$
$$Cl\cdot + Cl\cdot \rightarrow Cl_2 \tag{4-7}$$
$$H\cdot + H\cdot \rightarrow H_2 \tag{4-8}$$

氯在光的作用下离解成自由基。由于 Cl_2 的键能是 243 kJ/mol,H_2 的键能是 435 kJ/mol,因此一般情况下,Cl_2 离解步骤为起始步骤。直链反应的基本特点是:自由基和反应物分子发生反应时,参加反应的自由基消失了,但同时产生一个新的自由基,这个自由基作为链锁载体可以循环反应下去,见式(4-2)和式(4-3)。

支链反应的特点是,一个自由基能生成一个以上的自由基(活性中心)。支链反应由于产生的自由基成倍增加,会使反应速度加快,从而导致燃烧和爆炸。

氢和氧的反应是典型的支链反应,其反应机理如下。

链的引发:

$$H_2 + O_2 \xrightarrow{\triangle} 2\overset{\cdot}{O}H \tag{4-9}$$

$$H_2+M \xrightarrow{\triangle} 2H\cdot+M(M为惰性气体) \qquad (4-10)$$

链的传递：

$$\overset{\cdot}{O}H+H_2 \rightarrow \overset{\cdot}{H}+H_2O \qquad (4-11)$$

链的支化传递：

$$\overset{\cdot}{H}+O_2 \rightarrow \overset{\cdot}{O}H+O \qquad (4-12)$$

$$\overset{\cdot}{O}+H_2 \rightarrow \overset{\cdot}{H}+OH \qquad (4-13)$$

链的终止：

$$2\overset{\cdot}{H} \rightarrow H_2 \qquad (4-14)$$

$$2\overset{\cdot}{H}+\overset{\cdot}{O}+M \rightarrow H_2O+M \qquad (4-15)$$

慢速传递：

$$\overset{\cdot}{H}O_2+H_2 \rightarrow \overset{\cdot}{H}+H_2O_2 \qquad (4-16)$$

$$\overset{\cdot}{H}O_2+H_2O \rightarrow \overset{\cdot}{O}H+H_2O_2 \qquad (4-17)$$

　　链的引发需有外来能源，外来能源激发使分子键破坏生成第一个自由基，见式(4-9)、式(4-10)。链的传递(包括支化)是自由基与分子反应，见式(4-11)~式(4-13)、式(4-16)、式(4-17)。链的终止为导致自由基消失的反应，如式(4-14)、式(4-15)。

　　氢分子最简单，碳氢化合物燃烧时还要产生其他中间产物分子。中间产物分子再分解，最后的产物才能形成新的链环，且分子结构越复杂，其中间过程越多，反应机理也越复杂，所以有研究人员认为碳氢化合物的燃烧是一种退化的支链反应。

　　连锁反应理论在解释一些现象时较有效，如火焰在小尺寸的容器中燃烧速度慢，是由于器壁捕获了部分自由基，或者是自由基碰撞器壁时能量传递给了器壁而被销毁，这种现象称为墙面销毁。因此，自由基在气相中和在器壁上都有消失或被销毁的可能。另外，连锁反应理论也可用于解释爆炸、聚合和热解等反应现象。

4.5　燃烧速度及燃烧温度

4.5.1　气体燃烧速度

　　火焰在可燃介质中的传播速度称燃烧速度，它是燃烧过程最重要的特征，决定着燃烧过程的强度，在火灾条件下也是决定火灾蔓延速度和损失严重程度的重要参数。气体燃烧不像固体、液体那样经过熔化、蒸发等过程，而是在常温下就具备了气相的燃烧条件，所以燃烧速度很快。

　　气体的燃烧性能常以火焰传播速率来表征，火焰传播速率有时也称为燃烧速率。燃烧速度是指燃烧表面的火焰沿垂直于表面的方向向未燃烧部分传播的速率。在多数火灾或爆炸情况下,已燃和未燃气体都在运动,燃烧速度和火焰传播速率并不相同。这时的火焰传播速率等于燃烧速度和整体运动速度的和。

可燃气体的组成和结构、浓度、初始温度、燃烧形式和管径都会影响气体燃烧速度。分析如下:

1)气体的组成和结构。气体的燃烧速度因气体分子结构不同而有差异,单质气体(如氢)的燃烧仅需要受热、氧化等过程,而化合物气体(如天然气)则经过受热、分解、氧化等过程才能燃烧,所以单质气体比化合物气体的燃烧速度快。可燃气体的燃烧速度也和它的结构有关,如乙炔分子中含有不饱和键,它的燃烧速度较快。

2)浓度。从理论上说,可燃气体为化学计量浓度时,最利于产生自由基,混合气体的热值最大,燃烧温度最高,燃烧速度也最快。但实际上,燃烧速度最快时,可燃气体浓度稍高于化学计量浓度。

3)初始温度。可燃混合气体的燃烧速度随初始温度的升高而加快,混合气体的初始温度越高,则燃烧速度越快。化工生产时,如工艺中可燃气体温度初始温度高,一旦由于某种原因起火,常会在极短的时间内因燃烧速度快而导致爆炸。

4)燃烧形式。由于气体分子间扩散速度比较慢,所以采取扩散燃烧形式的气体燃烧速度是比较慢的,它的速度取决于气体分子间扩散速度。混合气体因可燃气和助燃气已混合均匀而构成预混气,它的燃烧速度取决于本身的化学反应速率。通常情况下,混合燃烧速度大于扩散燃烧速度。化工生产过程中,一些使用气体燃料的加热炉,点火时采用稳定的扩散燃烧方式,能在一定程度上避免爆炸事故的发生。

5)管径。气体火焰传播速率与管径有关。当管道直径增加到某个极限尺寸时,火焰传播速率不再增加;反之,当管径小至某个量值时,火焰不再传播。管中火焰不再传播时的管径称为极限管径,当燃烧出口管径小于极限管径时,火焰就不会向管内传播(回火)。阻火器也是依据这个原理设计的。

另外,混合气体在管道内部燃烧,由于受地球重力场的影响,管道安置方式对燃烧速度是有影响的。如10%甲烷与空气混合的气体在垂直放置的管道内,由下方点火时,测得的燃烧速度为75 cm/s,而在上方点火时,测得的燃烧速度为59.5 cm/s。将管道水平放置时,测得的速度为65 cm/s。

气体的压力和流动状态(如层流、紊流、湍流等)对燃烧速度也有很大影响。增大压力会使燃烧速度加快,处于紊流、湍流状态的气流会极大地提高燃烧速度。

4.5.2 液体燃烧速度

液体的燃烧速度有两种表示方法:一种是以单位面积上单位时间内烧掉的液体质量来表示,叫作液体的质量燃烧速度;另一种是以单位时间内烧掉的液体高度来表示,叫作液体燃烧的直线速度。部分液体的燃烧速度见表4-3。

液体燃烧速度取决于液体的蒸发,即液体燃烧是先蒸发后燃烧。液体燃烧速度与液体的初温、热容、蒸发潜热、火焰的辐射能力等因素有关。通常,易燃液体的燃烧速度高于可燃液体的燃烧速度。

　　液体的初始温度越高,其燃烧速度越快。多种组分混合液体的燃烧速度往往是先快后慢。例如,原油、汽油、煤油、重油及其他石油产品燃烧时,先蒸发出来的是燃烧速度快的低沸点组分,随着燃烧的进行,液体中高沸点组分含量相对增加,相对密度、黏度、闪点也相对增高,蒸发速度逐渐降低,燃烧速度也逐渐减慢。

表 4 - 3　部分液体的燃烧速度

液体名称	直线燃烧速度/($m \cdot h^{-1}$)	质量燃烧速度/($kg \cdot m^{-2} \cdot h^{-1}$)	相对密度
苯	0.189	165.37	0.875
乙醚	0.175	125.84	0.175
甲苯	0.1608	138.29	0.86
航空汽油	0.126	91.98	0.73
二氧化碳	0.1047	132.97	1.27
甲醇	0.072	57.6	0.8

　　不含水的可燃液体比含水的液体燃烧速度快,对重质石油产品着火初期的影响尤为显著。如果液体燃烧在罐内进行,其燃烧速度还与罐直径、罐内液面高度、液气相接触面积等多种因素有关。一般说,燃烧速度随罐直径的增加而加快,低液位比高液位时燃烧速度快。同时,风对液体表面的火焰蔓延速度也有一定的影响,如风向和火焰蔓延方向一致时,火焰速度急剧增加,此种情况需要引起特别注意。当风速达到某一临界值时,燃烧速度才下降,甚至吹灭火焰。

　　液体燃烧速度也反映了液体火灾危险性,燃烧速度慢的液体火灾危险性小,即使发生火灾也比燃烧快的液体容易控制。

4.5.3　固体物质的燃烧速度

　　固体物质的燃烧速度一般小于可燃气体和液体的燃烧速度。不同组成、不同结构的固体物质,燃烧速度也不同,如萘及其衍生物、三硫化磷、石蜡、松香等可燃固体,燃烧过程要经过受热、熔化、蒸发、汽化、分解、氧化等几个阶段,故一般速度较慢。而硝基化合物、硝化纤维及其制品等物质,因本身含有不稳定的含氧基团,它们是先分解后燃烧,不需要外界供氧,在燃烧过程中还有自催化作用加速反应进行,所以燃烧反应剧烈,速度较快。固体物质的燃烧速度也和燃烧后的风向和风力均有关。对于同种固体物质,燃烧速度还和固体物质含水量、比表面积等因素有关。

4.5.4　燃烧热及热值

　　燃烧热又称热值,是指单位质量或单位体积的可燃物质,在完全燃烧后所放出的热量。物质的标准燃烧热,是指单位质量的物质在 25℃的氧气中燃烧时放出的热量,包括水在内的产物都假定为气态。燃烧热是物质特性参数,与燃烧或爆炸时所能达到的最高温度、最高压力及爆炸力有关,通常的燃烧热数据是用热量计在常温下测得的。

　　根据计量热量时燃烧产物的状态不同,热值又分为高热值和低热值。高热值是指生成的水蒸气完全冷凝成水时所放出的热量;低热值是指生成的水蒸气不冷凝成水时所放出的热量。使用最多的是低热值。燃烧热效应的差值为水的蒸发潜热。表4-4给出了一些可燃气体的燃烧热数据。

表4-4　部分可燃气体燃烧热

气　体	高热值		低热值	
	kJ·kg⁻¹	kJ·m⁻³	kJ·kg⁻¹	kJ·m⁻³
甲烷	55 723	39 861	50 082	35 823
乙烷	51 664	65 605	47 279	58 158
丙烷	50 208	93 722	46 233	83 471
丁烷	49 371	121 336	45 606	108 366
戊烷	49 162	149 787	45 396	133 888
乙烯	49 857	62 354	46 631	58 283
丙烯	48 953	87 027	45 773	81 170
丁烯	48 367	115 060	45 271	107 529
乙炔	49 848	57 873	48 112	55 856
氢	141 955	12 770	119 482	10 753
硫化氢	16 778	25 522	15 606	24 016
一氧化碳	10 155	12 694		

4.5.5　燃烧温度

可燃物质与空气在绝热条件下完全燃烧,所释放出来的热量全部用于加热燃烧物质,使燃烧产物达到最高温度,此温度为理论燃烧温度。可燃物燃烧的完全程度与其在空气中的浓度有关,燃烧时所产生的热量在火焰燃烧区域内释放出来,一部分热量散失于周围环境,大部分热量用于加热燃烧产物,燃烧产物实际达到的温度,称为实际燃烧温度,也称火焰温度。火焰的温度越高,散失的热量越多。显然,实际燃烧温度不是固定的值,它受外界因素影响很大。常见可燃物在空气中的燃烧温度见表4-5。

表4-5　可燃物在空气中的燃烧温度

物　质	燃烧温度/℃	物　质	燃烧温度/℃
氢	2 130	氨	700
甲醇	1 100	天然气	2 020
乙醇	1 180	石油气	2 120
甲烷	1 963	原油	1 100
乙烷	1 971	汽油	1 200
乙烯	2 102	重油	1 000
乙炔	2 325	煤气	1 600~1 850

4.6　爆炸及其分类

4.6.1　爆炸的概念及其特征

爆炸是指物质的状态和存在形式发生突变,在瞬间释放出大量的能量,形成空气冲击波,可使周围物质受到强烈的冲击,同时伴随响声或光效应的现象。爆炸分为三大类:化学爆炸、物理爆炸和核爆炸。与危险化学品有关的爆炸是化学爆炸和物理爆炸。爆炸现象一般具有如下特征:

1)爆炸过程进行很快;

2)爆炸点附近瞬间压力急剧上升;

3)发出响声;

4)周围建筑物或装置发生震动或遭到破坏。

简言之,爆炸是系统的一种非常迅速的物理的或化学的能量释放过程。

4.6.2　爆炸的破坏作用

爆炸常伴随发热、发光、高压、真空、电离等现象,爆炸的威力与爆炸物质的性质、数量、爆炸的条件有关,其破坏作用的大小还与爆炸的场所有关。爆炸的破坏力即危害形式有以下四种。

1. 直接破坏作用

化工装置、机械设备、容器等爆炸后,不仅其本身断裂或变成碎片而损坏,碎片飞散出去也会在相当大的范围内造成危害。爆炸碎片的飞散距离一般可达到 $100\sim500$ m,甚至更远,飞散的碎片或物体不仅对人造成巨大威胁,其能量对建筑物、生产设备、电力与通信线路等都能造成重大破坏作用。

2. 冲击波的破坏作用

任何爆炸过程都伴随大量高压气体的产生或释放,高压气体以极高的速度膨胀,挤压周围空气的同时把能量传递给压缩的空气层,压缩空气层的压力、密度等发生突变,并向四周传播。爆炸时由于气体等物质急速向外扩张,还在爆炸中心产生局部真空或低压,呈现出所谓的吸收作用,低压区也向外扩张,这样的爆炸中心附近的某一点就感到压力升降交替的波状气压向四周扩散,这就是冲击波。爆炸的主要破坏作用就是由冲击波造成的,确切地说,是因其波阵面上的超压引起的。在爆炸中心附近,空气冲击波波阵面上的超压可以达到几兆帕,在这样的高压下,建筑物被摧毁,机械设备、管道等也会受到严重破坏。如果冲击波大面积地作用于建筑物,风波阵面的超压达到 $20\sim30$ kPa 时,砖木建筑就会受到强烈破坏;达到 0.1 MPa 时,除坚固的钢筋混凝土建筑外,其他建筑将全部被摧毁。冲击波的另一个破坏作用是由于高压与低压的交替作用造成的,交替作用可以在作用区域内产生振荡作用,使建筑物因振荡松散破坏。

3. 造成火灾

爆炸气体扩散通常在爆炸的瞬间完成,对一般可燃物质不致造成火灾,而且爆炸冲击波有时能起灭火作用。但是爆炸的余热或余火,会点燃从破损设备中不断流出的可燃气体、可燃液体蒸气或其他可燃物质而造成火灾。爆炸过程的抛撒作用,会造成大面积的火灾,从而引燃附近设备,如储油罐、液化气罐或气瓶,爆炸后最容易发生这种情况。事故中储存设施的破裂将导致液体流淌,着火面积也将迅速扩大。

4. 造成中毒和严重环境污染

许多化学品不仅易燃而且有毒。爆炸事故将造成有害物质泄放,对现场人员及周围居民都构成威胁,大气、土地、地下水、地表水等都可能受到污染。2004 年,吉林某大型苯胺生产装置爆炸,泄漏的大量硝基苯随着消防废水流进下水道,最后进入松花江,导致水体污染,后果严重。

4.6.3 爆炸的分类

爆炸的分类方法主要有 3 种:第一种是按照爆炸的性质分类,分为物理爆炸和化学爆炸和核爆炸;第二种是按照爆炸的传播速度分类,分为轻爆、爆炸和爆轰;第三种是按爆炸反应物质分类,分为气相爆炸、液相爆炸和混合相爆炸。通常使用最多的分类方法是第一种。

1. 物理爆炸

物理爆炸由物理变化所致,其特征是爆炸前后系统内物质的化学组成及化学性质均不发生变化。物理爆炸主要是指压缩气体、液化气体和过热液体在压力容器内,由于某种原因使容器承受不住压力而破裂,内部物质迅速膨胀并释放大量能量的过程。

2. 化学爆炸

化学爆炸是由化学变化造成的,其特征是爆炸前后物质的化学组成及化学性质都发生了变化。化学爆炸按爆炸时所发生的化学变化的不同又可分为三类。

(1)简单分解爆炸

引起简单分解爆炸的爆炸物,在爆炸时并不一定发生燃烧反应。爆炸能量是由爆炸物分解时产生的。属于这一类的有叠氮类化合物,如叠氮铅、叠氮银等;乙炔类化合物,如乙炔铜、乙炔银等。这类物质是非常危险的,受轻微振动即能起爆,如

$$PbN_6 \xrightarrow{振动} Pb+3N_2$$

其爆速可达 $5\ 123\ \mathrm{m \cdot s^{-1}}$。

(2)复杂分解爆炸

这类物质爆炸时有燃烧现象,燃烧所需的氧由自身供给,如硝化甘油的爆炸反应:

$$C_3H_5(ONO_2)_3 \xrightarrow{引爆} 3CO_2+2.5H_2O+1.5N_2+0.25O_2$$

(3)爆炸性混合物爆炸

爆炸性混合物是至少由两种化学上不相联系的组分所构成的系统。混合物之一通常为含氧相当多的物质;另一组分则相反,是根本不含氧的或含氧量不足以发生分子完全氧化的可燃物质。

　　爆炸性混合物可以是气态、液态、固态或是多相系统。气相爆炸,包括混合气体爆炸、粉尘爆炸、气体的分解爆炸、喷雾爆炸。液相爆炸包括聚合爆炸及不同液体混合引起的爆炸。固相爆炸包括爆炸性物质的爆炸、固体物质混合引起的爆炸和电流过载所引起的电缆爆炸等。

　　3. 核爆炸

　　原子核发生聚变或裂变反应,瞬间放出巨大的能量面发生的爆炸为核爆炸。

　　另外,根据爆炸速度的不同,可以将爆炸分为以下 3 种类型。

　　1)轻爆,爆速为几十厘米每秒到几米每秒。

　　2)爆炸,爆速为十米每秒到数百米每秒。

　　3)爆轰,爆速为一千米每秒到数千米每秒。

4.6.4 常见爆炸基本概念

　　1. 机械爆炸

　　机械爆炸是由装有高压非反应性气体的容器突然失效造成的。

　　2. 受限爆炸

　　受限爆炸发生在容器或建筑物中。这种情况很普遍,并且常导致建筑物中居民受到伤害和巨大的财产损失。两种最普通的受限爆炸情形包括蒸气爆炸和粉尘爆炸。

　　3. 无约束爆炸

　　无约束爆炸发生在空旷地区。这种类型的爆炸通常是由可燃性气体泄漏引起的。气体扩散并同空气混合,直到遇到引燃源。

　　无约束爆炸比受限爆炸少,因为爆炸性物质常常被风稀释到低于其爆炸下限。这些爆炸都是破坏性的,因为通常会涉及大量的气体和较大的区域。

　　4. 蒸气云爆炸(Vapor Cloud Explosion,VCE)

　　化学过程工业中,大多数危险的和破坏性的爆炸是蒸气云爆炸。其发生步骤是:①大量的可燃蒸气突然泄漏出来(当装有过热液体和受压液体的容器破裂时就会发生);②蒸气扩散遍及整个工厂,同时与空气混合;③产生的蒸气云被点燃。

　　发生在英格兰 Flixborough 的事故就是典型的 VCE 案例。反应器上的环己胺管线突然破裂,导致大约30 t 的环己胺蒸发。蒸气云扩散遍及整个工厂,并在泄漏发生后45 s 被未知的可燃源引燃。整个工厂被夷为平地,导致 28 人死亡。

　　装有大量液化气体、挥发性的过热液体,或高压气体的任何过程都被认为是 VCE 发生的潜在源。

　　影响 VCE 行为的一些参数:泄漏物质的量,物质蒸发百分比,气云引燃的可能性,引燃前气云运移的距离,气云引燃前的延迟时间,爆炸而不是火灾的发生可能性,物质临界量,爆炸效率和引燃源相对于泄漏点的位置。

　　研究表明:①随着蒸气云尺寸的增加被引燃的可能性也增加;②蒸气云发生火灾比发生爆炸的频率高;③爆炸效率通常很小(燃烧能约 2% 转变成冲击波);④蒸气与空气的湍流混合以及气云在远离泄漏处被引燃都增强了爆炸的作用。

　　从安全的角度来说,最好的方法就是阻止物质的泄漏。不论安装了什么安全系统来防止引燃的发生,大量的可燃气云是很危险的,并且是几乎不可能控制的。

预防 VCE 的方法包括:保持较少的易挥发且可燃液体的储存量,如果容器或管线破裂则使用使闪蒸最小化的过程条件,使用分析仪器来检测低浓度的泄漏,安装自动隔断阀以便在泄漏发生并处于发展的初始阶段关闭系统。

5. 沸腾液体扩展蒸气爆炸(Boiling-Liquid Expanding-Vapor Explosion,BLEVE)

沸腾液体扩展蒸气爆炸是能导致大量物质泄漏的特殊类型的事故。如果物质是可燃的,就可能发生 VCE;如果有毒,大面积区域将遭受毒性物质的影响。对于任何一种情况,BLEVE 过程所释放的能量都能导致巨大的破坏。

当储存有温度高于大气压下的沸点的液体储罐破裂时,就会发生 BLEVE,这将导致储罐内大部分物质发生爆炸性蒸发。

BLEVE 是由于任何一种原因导致容器突然失效才发生的。通常的 BLEVE 是由火灾引起的。步骤如下:①火灾发展到临近的装有液体的储罐;②火灾加热储罐壁;③液面以下的储罐壁被液体冷却,液体温度和储罐内压力增加;④如果火焰抵达仅有蒸气而没有液体的壁面或储罐顶部,热量将不能被转移走,储罐金属的温度上升,直到储罐失去其结构强度为止;⑤储罐破裂,内部液体爆炸性蒸发。

如果液体是可燃的,并且火灾是导致 BLEVE 的原因,那么当储罐破裂时,液体可能被引燃。沸腾的和燃烧的液体的行为如同火箭的燃料一样,将容器的碎片推到很远的地方。如果 BLEVE 不是由火灾引起的,就可能形成蒸气云,导致 VCE。蒸气也能够通过皮肤灼伤,或毒性效应对人员造成危害。

如果 BLEVE 发生在容器内,那么仅有一部分液体蒸发;蒸发量依赖于容器内液体的物理和热力学条件。

6. 粉尘爆炸

这种爆炸是由纤细的固体颗粒的快速燃烧引起的。许多固体物质(包括常见的金属,如铁和铝)当变成纤细的粉末后就成了易燃物。

7. 雾滴爆炸

当可燃液体用喷嘴雾化进入 0.28～0.76 m 的开口玻璃管中,调节燃料和空气的比率,取得爆炸雾滴的浓度,并以高压放电火花点燃。对闪点为 323.9 ℃的花生油,其火焰均能迅速传播;而闪点为 68.3 ℃的邻二氯苯点火后火焰传播有困难。由试验可见,可燃液体的雾滴是能够传播火焰的。

在化工、石油化工生产中由于热油管的断裂,通过闪蒸和突然冷却作用而形成大量油雾、垫片破裂、尾气带料、紧急排空等,均可形成可燃液体的雾滴,当其遇到适当的点火源时,就有可能形成火灾或爆炸。

据报道,当雾滴直径小于 0.01 mm 时,其可燃下限恰好等于该物质气相时的爆炸下限(质量分数),即使是在温度很低、液体不挥发时也是如此。这表明,可燃液体的雾滴即使在远比其闪点低的温度下也存在着危险。当雾滴直径为 0.6～1.5 mm 时,燃烧不能传播。然而,此时如果存在小直径雾滴或大雾滴被击碎,仍有可能发生危险。惰性气体、雾化水、卤代烷等的存在能对雾滴燃烧起到有效的抑制作用。

4.7　爆　炸　极　限

4.7.1　爆炸极限

可燃性气体或蒸气预先按一定比例与空气均匀混合后点燃,较缓慢的扩散过程已经在燃烧以前完成,燃烧速度仅取决于化学反应速度。在这样的条件下,气体的燃烧就有可能达到爆炸的程度。这种可燃气体或蒸气与空气的混合物,称为爆炸性混合气。这种混合气并不是在任何混合比例下都是可燃烧或爆炸的,而且混合的比例不同,燃烧的速度也不同。由实验可知,当混合物中可燃气体的含量接近化学当量时,燃烧最快或最剧烈;若含量减少或增加,火焰传播速度均下降;当浓度高于或低于某一极限值时,火焰便不再蔓延。所以可燃气体或蒸气与空气(或氧)组成的混合物在点火后可以使火焰蔓延的最低浓度,称为该气体或蒸气的爆炸下限(也称燃烧下限);同理,能使火焰蔓延的最高浓度称为爆炸上限(燃烧上限)。浓度在下限以下或上限以上的混合物是不会着火或爆炸的。浓度在下限以下时,体系内含有过量的空气,由于空气的冷却作用,阻止了火焰的蔓延,此时活化中心的销毁数大于产生数。同样,当浓度在上限以上时,含有过量的可燃性物质,空气(氧)不足,火焰也不能蔓延,但此时若补充空气,是有火灾或爆炸危险的。故对上限以上的可燃气体(蒸气)-空气混合气不能认为是安全的。

可燃性气体(蒸气)的爆炸极限可按标准 GB/T12474-90 规定的方法测定。爆炸极限一般用可燃性气体(蒸气)在混合物中的体积分数($\varphi/(\%)$)来表示,有时也用单位体积中可燃物含量来表示($g \cdot m^{-3}$或 $mg \cdot L^{-1}$)。

4.7.2　爆炸极限的影响因素

爆炸极限值是随多种不同条件影响而变化的,但如果掌握了外界条件变化对爆炸极限的影响规律,那么在一定条件下测得的爆炸极限就有普通的参考价值,其主要的影响因素介绍如下。

1. 原始温度

爆炸性气体混合物的原始温度越高,则爆炸极限范围越宽,即下限降低而上限增高。因为系统温度升高,其分子内能增加,这时活性分子也就相应增加,使原来不燃不爆的混合物变为可燃可爆,所以温度升高使爆炸的危险性增加。

2. 原始压力

在增加压力的情况下,爆炸极限的变化不大。一般压力增加,爆炸极限范围扩大,且上限随压力增加较为显著。这是因为系统压力增加,物质分子间距缩小,碰撞概率增加,使燃烧的最初反应和反应的进行更为容易。压力降低,则气体分子间距拉大,爆炸极限范围会变小。待压力降到某一数值时,其上限即与下限重合,出现一个临界值;若压力再下降,系统便成为不燃不爆体系。因此,在密闭容器内进行负压操作,对安全作业是有利的。

3. 惰性介质

若混合物中加入惰性气体,则爆炸极限范围缩小,惰性气体的 φ 值提高到某数值时,可使混合物不燃不爆。

4. 容器

容器的大小对爆炸极限亦有影响。实验证明,容器直径越小,爆炸范围越窄。这可从传热和器壁效应得到解释。从传热来说,随容器或管道直径的减小,单位体积的气体就有更多的热量消耗在管壁。有文献报道,当散出热量等于火焰放出能量的23%时,火焰即会熄灭,所以热损失的增加必然降低火焰的传播速度并影响爆炸极限。

器壁效应,可用连锁反应理论说明。燃烧所以能持续下去,其条件是新生的自由基数量必须等于或大于消失的自由基数。可是,随着管径的缩小,自由基与反应分子间的碰撞概率也不断减少,而自由基与器壁碰撞的概率反而不断增大。当器壁间距小到某一数值时,这种器壁效应就会使火焰无法继续。

5. 点火能源

爆炸性混合物的点火能源,如电火花的能量、炽热表面的面积、火源与混合物接触时间长短等,对爆炸极限都有一定影响。随着点火能量的加大,爆炸范围变宽。

6. 火焰的传播方向(点火位置)

当在爆炸极限测试管中进行爆炸极限测定时,可发现在垂直的测试管中于下部点火,火焰由下向上传播时,爆炸下限值最小,上限值最大;当于上部点火时,火焰向下传播,爆炸下限值最大,上限值最小;在水平管中测试时,爆炸上下限值介于前两者之间。表4-6所列数据即为一些实验气体在不同方向点火的爆炸极限。

表4-6 火焰传播方向对爆炸极限(φ)的影响

气体名称	LFL[①]/(%)			UFL[②]/(%)		
	(↑)	(↓)	(→)	(↑)	(↓)	(→)
氢	4.15	8.8	6.5	75.0	74.5	—
甲烷	5.35	5.59	5.4	14.9	13.5	14.0
乙烷	3.12	3.26	3.15	15.0	10.2	12.9
戊烷	1.42	1.48	—	74.5	4.64	
乙烯	3.02	3.38	3.20	34.0	15.5	23.7
丙烯	2.18	2.26	2.22	9.70	7.4	9.3
丁烯	1.7	1.8	1.75	9.6	6.3	6.0
乙炔	2.6	2.78	2.68	80.5	71.0	78.5
一氧化碳	12.8	15.3	13.6	75.0	70.5	—
硫化氢	4.3	5.85	5.3	45.5	21.3	33.50

7. 含氧量

空气中的 $\varphi_{(O_2)}$ 为21%,当混合气中 $\varphi_{(O_2)}$ 增加时,爆炸极限范围变宽。由于当处于空气中

① LFL 表示爆炸下限值。
② UFL 表示爆炸上限值。

爆炸的下限时,其组分中 $\varphi_{(O_2)}$ 已很高,故增加 $\varphi_{(O_2)}$ 对爆炸下限影响不大;而增加 $\varphi_{(O_2)}$ 使上限显著增加,是由于氧取代了空气中的氮,使反应更易进行。某些可燃气在氧气中的爆炸极限见表 4-7。

表 4-7 某些可燃气在空气和氧气中的爆炸极限

物质名称	在空气中		在氧气中	
	UFL/(%)	LFL/(%)	UFL/(%)	LFL/(%)
甲烷	14	5.3	61	5.1
乙烷	12.5	3.0	66	3.0
丙烷	9.5	2.2	55	
正丁烷	8.5	1.8	49	1.8
异丁烷	8.4	1.8	48	1.8
丁烯	9.6	2.0		3.0
1—丁烯	9.3	1.6	58	1.8
2—丁烯	9.7	1.7	55	1.7
丙烯	10.3	2.4	53	2.1
氯乙烯	22	4	70	4
氢	75	4	94	4
一氧化碳	74	12.5	94	15.5
氨	28	15	79	15.5

习题与思考题

4-1 燃烧的特征是什么?如何判断是否燃烧?

4-2 什么叫闪点?影响闪点的因素有哪些?

4-3 用活化能理论阐述燃烧发生的机理。

4-4 何谓着火点和着火?

4-5 何谓爆炸?爆炸的特征是什么?

4-6 影响爆炸极限的影响因素有哪些?

第5章 防火防爆技术

5.1 火灾爆炸事故物质条件的排除

火灾和爆炸事故灾害,一般都是由于危险性物质与点火源结合发生的。在生产、使用、运输、储存具有危险性物质的场所,应避免形成燃爆系统。在使用易燃易爆物质的场所,尽量避免其与空气或其他氧化剂接触,并控制其浓度处于安全范围之内,绝对保持在燃爆极限范围以外。满足上述要求,就排除了发生火灾及化学性爆炸事故的物质条件。

为了预防火灾爆炸事故,对火灾爆炸危险性较大的物料及使用过程,必须采取有针对性的安全措施。首先应考虑本质安全化,即通过工艺流程改进,用无危险的代替有危险的或用危险性小的物料代替火灾爆炸危险性较大的物料。如不具备上述条件,则应该根据物料的燃烧爆炸性能采取相应的措施,如密闭或通风、惰性介质保护、降低危险物质蒸气浓度、采用降温降压的操作以及其他能提高系统安全性的对策措施。

5.1.1 惰性化处理

用惰性气体稀释或置换管道、容器内的空气或可燃气体、蒸气或粉尘等爆炸性混合物,可使系统内危险物质或氧含量降低,破坏燃烧爆炸条件。惰性化处理是避免燃烧爆炸事故发生的手段之一。例如,向储罐、储运的设备内充装氮气等都属于惰性化处理。常用的惰性气体有氮气、二氧化碳、水蒸气及卤代烷等。

惰性化方法一般用于下面几个方面。

1)惰性气体作为输送易燃液体的保护气体。

2)对易燃易爆场所的非防爆电气、仪表采用充氮正压保护。

3)易燃易爆系统进行动火检修时应用惰性气体进行吹扫和置换。

4)对于有火灾爆炸危险的装备、管道、储罐等,惰性气体作为发生事故时的安全保护措施和灭火手段。

5)对设备和管道内残留的易燃有毒液体,可采用蒸气或惰性气体进行吹扫的方法清除。设备和管道吹扫完毕并分析合格后,应立即加盲板与运行系统相隔离。

惰性气体的用量取决于系统中氧的最高允许浓度,不同的惰性气体的氧的最高允许浓度不同,见表5-1。

惰性气体用量可用下式计算:

若为纯惰性气体时,则

$$X = (21 - C_0)V/C_0 \tag{5-1}$$

式中,X 为惰性气体用量(m^3);C_0 为氧最高允许浓度(%);V 为设备中原有空气体积(m^3),其中氧占 21%。

若使用的惰性气体本身也含氧(如烟道气),则

$$X = (21 - C_0)V/(C_0 - C_0') \qquad (5-2)$$

式中,X 为惰性气体用量(m^3);C_0 为氧最高允许浓度(%);C_0' 为惰性气体中氧浓度(%);V 为设备中原有空气体积(m^3),氧占 21%。

表 5-1　部分可燃物质采用二氧化碳或氮气稀释时的最高允许氧含量 （单位:%）

可燃物质	CO$_2$ 稀释	N$_2$ 稀释	可燃物质	CO$_2$ 稀释	N$_2$ 稀释
甲烷	11.5	9.5	丙酮	12.5	11
乙烷	10.5	9.0	苯	11.0	9
丙烷	11.5	9.5	一氧化碳	5.0	4.5
汽油	11.0	9.0	二硫化碳	8.0	—
乙烯	9.0	8.0	氢	5.0	4
丙烯	11.0	9.0	硫黄粉	9.0	
甲醇	11.0	8.0	铝粉	2.5	7
乙醇	10.5	8.5	锌粉	8.0	8

大多数可燃气体的最高氧气浓度约为 10%,大多数粉尘的最高氧气浓度约为 8%。如果用惰性气体对容器内混合可燃气体进行惰性化,使氧气浓度降至安全浓度,一般应控制氧浓度比最高氧浓度低至少 4%。

5.1.2　防止泄漏

含能材料在生产和使用过程,造成泄漏的原因很多,如装置的缺陷、破裂或失效,由于操作失控、误操作或容器超压都可能造成泄漏。为保证设备和容器具有良好的密闭性,对处理危险物料的设备和管道系统,在保证安装检修方便的前提下,应尽量采用焊接连接,少用法兰连接;输送危险气体、液体的管道应采用无缝钢管;盛装具有腐蚀性介质的容器,底部尽可能不装阀门,腐蚀性液体应从顶部抽吸排出。尽量使用磁浮式液位计,如使用玻璃管液位计,要装设结实的保护,以免玻璃管破裂而造成易燃液体漏出,应慎重使用脆性材料。所有压缩机、清泵、导管、阀门、法兰接头等容易发生"跑、冒、滴、漏"的部位应经常检查,发现故障(如物料损坏、阀门闭合不严)应立即维修或更换;超温超压可能造成大量物质外泄,甚至引发火灾爆炸事故,因此应严格控制操作参数。

5.1.3　通风排气

存在可燃气体、有毒气体、粉尘作业的场所,应设置通风排气设备,以降低作业场所空气中危险物质的浓度,防止有害物质超过人员接触的安全限值或形成爆炸性混合物。

生产和作业装置尽量布置在室外,以保持良好的通风,降低有害物质浓度。通风通常可分为自然通风和机械通风;按换气方式也可分为排风和送风;按作用范围可分为局部通风和全面

通风。通风排气必须满足两个要求：一是避免人员中毒；二是防火防爆。当仅有易燃易爆物质存在时，其在工作间内的容许浓度可为爆炸极限下限（Lower Explosive Limit，LEL）的1/4，燃气检测报警探测装置的报警值一般也设定在此浓度；对于存在既易燃易爆又具有毒性的物质，应考虑到在有人操作的场所，其容许浓度应由毒物在工作间内的最高容许浓度来决定，因为在通常情况下毒物的最高容许浓度比爆炸下限要低得多。

当自然通风不能满足要求时，就必须采用机械通风，强制换气。不管是采用排风还是采用送风力方式，都要避免气体循环使用，以保证进入工作间的空气为纯净的空气。排送风设备应有独立分开的风机室，送风系统应送入较纯净的空气；排出、输送温度超过80℃的空气或其他气体以及有燃烧爆炸危险的气体、粉尘的通风设备，应由非燃烧材料制成；空气中含有易燃易爆危险物质的工作间，应采用不产生火花的材料制造的通风机和调节没备。

排除有燃烧爆炸危险的粉尘和可燃碎屑的排风系统，排风前进行除尘净化，其除尘装置也应采用不产生火花的材料。对局部通风，排除密度比空气大的气体，排气门设在低处；反之，排气口要设在高处。局部通风造价低，噪声也低，而且净化效果比较容易达到规定的标准。通风橱是实验室常用的通风装置，在室外设置引风机，把通风橱内产生的有害气体抽出室外。全面通风属于稀释性通风，适用于泄漏点多且分散的场所，抽出大量含有有害气体的混合气，引入新鲜的空气。另外，还可以采用送入新鲜空气的方法进行通风排气。

5.1.4　气体检测与报警

在发生火灾、爆炸前期检测到危险，那么后果会有很大差异。因此，在有可燃气体和挥发性可燃气体存在的场所，以及存在有毒气体或蒸气的场所，应安装泄露检测报警装置，这也是为了防止发生火灾、爆炸、中毒事故采取的重要措施。

根据将检测仪是否安装在固定位置，气体检测仪分为固定式和便携式两种。无论是固定式还是便携式气体检测器，其主要部分都是传感器（检测器）。

对于单纯易燃易爆的气体，设置检测报警器的目的是防止达到爆炸极限浓度，所用检测器的测定范围是从0到爆炸下限（LEL）浓度，一般用0%～100%LEL表示。可燃气体检测报警器的报警浓度并不是设定在LEL值，而是远低于LEL值。一般设一级报警和二级报警，一级报警设定值小于或等于25%LEL，二级报警设定值小于或等于50%LEL。一级报警属于预报警，要确定泄露点，采取控制措施，制定泄露或通风换气；二级报警属于危险报警。

作业环境中，对各种职业性有害物质常规定一个接触限值，简称职业接触限值（occupational exposure limit）不同国家、机构或团体，对职业接触限值使用名称不同。我国对作业环境空气中有害物质接触限值分为三种，它们分别是最高容许浓度（Maximum Allowable Concentration，MAC）、时间加权平均容许浓度（Permissible Exposure Concentration-Time Weighted Average，PEC-TWA）、短时间接触容许浓度（Permissible Exposure Concentration-Short Term Exposure Limit，PEC-STEL）。美国政府工业卫生学会会议（AGGIH）提出的（Threshold Limit Values，TLV），其含义是阈值。TLV分为三种：TWA（8 h统计权重平均值，mg/m^3）、STEL（15 min短期暴露水平，mg/m^3）、IDLH（Immediately Dangerous to Life and Health，立即致死量，mL/m^3或写成10^6）。TWA值和STEL值是保证作业人员健康和安全的具体指导数据。

可燃气体和有毒气体的检测报警值有很大区别,前者远高于后者,因此,既可燃又有毒的气体需特别注意,即检测器报警值必须按照有毒气体的要求设置报警值才能确保人员安全。例如 CO 的爆炸下限是 12.5%,按照可燃气体检测,其一级报警值应设定在 $12.5\% \times 25\% = 3.13\%$;CO 的最高允许浓度为 $50\ mL/m^3$,约为 0.005%,按照有毒气体设置报警值应为低于 0.005%。

另外,选择检测报警仪器应针对不同的场所和气体种类,同时检测器监测点的布置及安装也需结合实际情况加以确定。

5.2　防明火与高温表面

明火和高温表面是着火源存在的基本形式,控制其使用范围,对于存在火灾和爆炸危险性的场所的防火防爆具有重要意义。

5.2.1　明火

明火主要指生产过程中的加热用火、维修焊割用火及其他火源。取暖用火、焚烧、吸烟等与生产无关的明火则属于非生产明火,它们主要通过管理制度进行控制。

1. 加热用火

在生产及作业过程中,明火加热设备的布置应远离可能泄露易燃气体或蒸气的设备和罐区。加热易燃物料时,应尽量避免采用明火设备,而宜采用过热水、蒸气或其他载体加热。当采用矿物油、联苯醚等载体时,必须在安全使用温度范围内使用,还要保持良好的循环,并留有载热体膨胀的余地,防止传热管路产生局部高温结焦现象,要定期检查载热体的成分,及时处理或更换变质的载热体。结焦和超温载热体挥发是导热油炉的两种主要事故,结焦会造成管路堵塞,超温载热体挥发会使管路压力增大,造成管道破裂。

2. 燃爆气体场所动火

可能积聚可燃气体及蒸气的管沟、深坑、下水道或其附近,应用惰性气体吹扫干净,用非燃体(如石棉板)覆盖,方可进行明火作业。对于可能存在燃爆气体的设备、容器,必须首先检测确认可燃气体在安全浓度范围以内,再允许人员进入其中进行作业。进入设备内使用的灯具必须属于防爆型,且要使用安全电压。维修储存过可燃液体的储罐时,应首先检查是否存在残留液体,确认不存在并通入一定时间空气后,才能开始工作。在可能发生火灾爆炸事故的危险场所进行设备维修时如使用喷灯,应严格执行动火制度。

在燃爆气体存在的场所,动火前必须进行动火分析。分析不要早于动火前的 0.5 h。如动火中断 0.5 h 以上,应重新进行动火分析。虽然可燃物浓度只要小于爆炸下限即不致发生燃烧爆炸事故,但实际的动火标准都是留出一定安全裕度。如化工企业的动火标准为可燃物爆炸下限小于 4% 的,动火地点可燃物浓度应小于 0.2% 为合格;爆炸下限大于 4% 的,则现场可燃物浓度应小于 0.5% 为合格。国外动火分析合格标准有的取爆炸下限的 1/10。人在氧气浓度低于 18% 的空间是危险的,在有人入罐、入塔等密闭空间前应进行氧含量分析,氧含量大于 19% 时方可进入。当有人进入罐、塔、器内作业时,可佩带安全防护设备,如氧气呼吸器或经空气通风处理再进入。

3. 飞火和移动火

烟道飞火可能成为引火源，所以，烟囱应有足够的高度，必要安装火星熄灭器。在一定范围内不得堆放易燃易爆物品。汽车、拖拉机、柴油机等机动车的排气管喷火等都可能引起可燃气体或蒸气爆炸事故，因此，进入危险场所的运输工具应安装阻火器。阻火器应完全关闭，确保完全阻挡和熄灭尾气中所喷出的火星，防止由此引发火灾爆炸事故。

4. 维修和焊割用火

设备当发生小孔或裂缝泄漏，一般宜采用停用设备后再进行维修。

焊接切割时，温度可高达1 500～3 000℃，高空作业飞溅距离达数十米。此类作业常用于生产过程中临时处理作业，如缺少完备的防护措施，容易引发事故。尤其在输送、盛装易燃易爆物料的设备、管道上，或在可燃区域内动火时，应将系统和环境进行彻底的清洗或清理。使用盲板与系统隔绝，再进行清洗和吹扫置换，并进行气体分析合格才可进行焊接作业。可燃物浓度应符合上面对燃爆气体场所动火所述要求，维修现场应配备必要的消防器材，做好应急预案。

5. 固定动火区

设立固定动火区应符合下述条件：固定动火区距易燃易爆设备、储罐、仓库、堆场等的距离，应符合有关防火规范的防火间距要求；区内可能出现的可燃气体的含量应在允许含量以下；在装置正常放空时，可燃气体应不致扩散到动火区；室内动火区应与防爆现场隔开，不准有门窗串通，门窗应向外开启，道路畅通；周围10 m内不得存放易燃易爆物品；区内备有充足的消防器材。

5.2.2　高温表面

加热设备、高温物料输送管道的表面温度较高，应防止可燃物落于其上而着火；高温物料的输送管线不应与可燃物、可燃建筑构件等直接接触；可燃物的排放口应远离高温表面，如果接近，则应有隔热措施。

在机、泵设备的运转部位，如果润滑不良或失效，则摩擦导致高温，可能引发火灾，甚至爆炸事故。为了防范此类事故，天然气等易燃气体的压缩机，其润滑油一旦不足则自动停车。

5.3　消除摩擦与撞击

5.3.1　摩擦、撞击及其危害

摩擦和撞击是许多火灾和爆炸事故的重要原因。机器中的轴承、皮带等转动部位摩擦时，水泥地面、石板、操作台的铁板上拖动金属桶等重物时，铁器的相互撞击或铁制工具打击混凝土等，都可能产生火花，引发火灾爆炸事故。

为了防止摩擦发热起火在有火灾爆炸危险的场所，设备转动部位应保持良好的润滑。搬运盛装易燃液体或气体的金属容器时,不要抛掷、拖拉、振动,防止互相撞击,产生火花。为避免撞击起火,锤子、扳手等工具应采用镀青铜或镀铜的防爆工具。设备或管道容易遭受撞击的部位应该用不发火的材料覆盖起来。吊装盛有可燃气体和液体的金属容器用的吊车,应经常重点检查,以防吊绳断裂、吊钩松脱,造成坠落冲击发火。防火区严禁穿带钉子的鞋,地面应铺设不发生火花的软质材料或不发火地面。

当高压气体通过管道、从管道或容器裂口处高速喷出时,夹带管道中的铁锈会因随气流流动与管壁摩擦变成高温粒子,成为可燃气体的着火源,而引起火灾。因此,管道或容器应定期做探伤检测,避免此类事故。

5.3.2　不发火地面

不发火地面指有爆炸危险的工房需要满足防爆要求而特制的地面。按化工企业相关设计规范,存在火灾爆炸危险性较大场所,应使用不发火地面。为避免穿钉子鞋或使用铁制工具与地面碰击摩擦时发生火花,要求这些场所的地面为不发火地面。有时为了满足特殊的安全需要,地面还需具有一定软度和弹性、平滑无缝、耐腐蚀性或具有一定的导静电能力等。

不发火地面常用的不发火材料有石灰石、白云石、大理石、沥青、塑料、橡胶、木材、铅、铜、铝等。常用的不发火地面有沥青砂浆地面、混凝土地面、水泥砂浆地面、水磨石地面、铅板地面、导电橡胶板敷设地面等。

5.4　防止电气火花

5.4.1　电火花与电弧

电极之间或带电体与导体之间被电压击穿,空气被电离形成短暂的电流通路,即为放电并产生电火花;电弧是大量电火花汇集而成的。电火花的温度都很高,特别是电弧,其温度可高达6 000 ℃,电火花不仅能引燃绝缘物质,还可熔化金属,是导致火灾、爆炸的危险火源之一。

电火花可分为工作电火花和事故电火花。工作电火花是指电气设备正常工作时或正常操作过程中产生的火花,如直流电机电刷与整流片滑动接触处、开关或接触器触头开合时的火花、插头拔出或插入插座时的火花等。事故电火花是指线路或设备故障时出现的火花,如线路短路、绝缘损坏和导电连接松脱时的火花,过电压放电火花,保险丝熔断时的火花。此外,事故火花还包括外来因素产生的火花,如静电火花、雷电火花、高频感应电火花等。

普通的电气设备难免会产生电火花,因此,在有火灾爆炸危险的场所必须根据物质的危险特性正确选用防爆电气设备。

5.4.2　爆炸危险场所危险区域划定

爆炸性气体、粉尘和火灾危险环境可依据 GB50058-1992《爆炸和火灾危险环境电力装置设计规范》的规定进行危险区域划分。根据爆炸危险环境区域内,爆炸性物质出现的频繁程度、持续的时间、危险程度和特点进行环境危险区域划分,为合理选择电气设备、采取事故预防措施、进行爆炸性环境的电力设计提供理论依据。爆炸危险场所分三类八区,它们分别是第一类爆炸性气体环境,危险区域划分为 0 区、1 区和 2 区三个区域;第二类爆炸性粉尘环境,包括 10 区和 11 区两个区域;第三类火灾危险环境,包括 21 区、22 区和 23 区三个区域。爆炸性物质场所具体划分如下文所述。

1. 爆炸性气体环境危险区域划分

爆炸性气体、易燃或可燃液体蒸气或薄雾与空气形成爆炸性气体混合物的场所。

1)0 级区域(简称 0 区)。连续出现或长期出现爆炸性气体混合物的环境。0 区极少出现,一般封闭的空间,如密闭的气体容器、易燃液体储罐顶部、易燃液体敞口容器的液面附近,属于 0 区;凡是高于爆炸上限的混合物环境,或在有空气进入时可能使其达到爆炸极限的环境应划为 0 区。0 区应使用本质安全型设备,不能选用其他类型电气设备。

2)1 级区域(简称 1 区)。正常运行时,爆炸性气体混合物有可能出现的环境。例如,装载易燃液体的槽车、油罐开口部位附近区域和检修时排放易燃气体出口附近;泄压阀、排气阀、呼吸阀、阻火器等爆炸性气体排放口附近空间;浮顶罐的浮顶上空间,无良好通风的室内有可能释放、积聚形成爆炸性混合物的区域;洼坑、沟槽等阻碍通风,爆炸性气体混合物易于积聚的场所。

3)2 级区域(简称 2 区)。在正常运行时,不可能出现爆炸性气体混合物的环境,或即使出现爆炸性气体混合物,也仅是短时存在的环境。例如,由于腐蚀老化、设备失效、容器破损而泄漏出危险物料的区域;因人为误操作或异常反应形成超温、超压,造成泄漏的区域;由于通风设备故障,爆炸性气体有可能积聚形成爆炸性混合物的区域。

正常运行是指正常开车、运转、停车,易燃物质产品的装卸,密闭容器盖的开闭,安全阀、排放阀及所有工厂设备都在其设计参数范围内工作的状态。

2. 爆炸性粉尘环境危险区域划分

1)10 级区域(简称 10 区)。连续出现或长期出现爆炸性粉尘环境。

2)11 级区域(简称 11 区)。有时会将积留下来的粉尘扬起而偶然出现爆炸性粉尘混合物的环境。

3. 火灾危险环境区域划分

火灾危险环境应根据火灾事故发生的可能性和后果,以及危险程度及物质状态的不同,按下列规定、进行分区。

1)21 区。具有闪点高于环境温度的可燃液体,在数量和配置上能引起火灾危险的环境。

2)22 区。具有悬浮状、堆积状的可燃性粉尘或可燃纤维,虽不可能形成爆炸性混合物,但在数量和配置上有引起火灾危险的环境。

3)23 区。具有固体状可燃性物质,在数量和配置上能引起火灾危险的环境。

4. 与爆炸危险区域相邻场所的等级划分

与危险场所相邻的场所如有坚固的非燃性实体隔墙和门,且门上有密封措施和自动关闭装置。则可按表 5-2 考虑相邻场所的等级。对于相邻的地下场所,如送风系统能保证该场所对危险场所保持正压,也可参照表 5-2 划分危险区域。

表 5 - 2　与爆炸危险区域相邻场所的危险等级

危险区域等级		用有门的墙隔开的相邻场所的等级		备　注
		一道有门的隔墙	两道有门的隔墙 （通过走廊或套间）	
气体或蒸气	0 区 1 区 2 区	2 区 非危险场所	1 区 非危险场所	两道隔墙门框之间的净距 离不应少于 2m
粉尘或纤维	10 区 11 区	非危险场所	11 区 非危险场所	

5. 对危险等级的确定

判断场所的危险程度应综合考虑释放源的特征、危险物料的性质及场所通风条件等因素。

释放源的特征包括释放源的布置与工作状态、泄漏或放出危险物品的速率、泄漏量、混合物的浓度、扩散条件、形成爆炸性混合物的范围等。释放源一般分为连续释放源、一级释放源和二级释放源。连续释放源指连续释放或预计长期释放或短时连续释放的释放源，如易燃液体储罐的顶部；一级释放源指正常运行时周期性逸出和偶然释放的释放源，如正常情况下会逸出易燃物料的泵、压缩机和阀门的密封处；二级释放源为正常运行时不释放或只是偶尔短暂释放的释放源，如法兰、连接件和管道的接头。

危险物料的特性包括闪点、密度、爆炸极限、引燃温度等理化性能。危险程度还与生产和作业条件如工作温度、压力以及数量和配置等因素有关。例如，闪点低、爆炸极限下限低都会导致爆炸危险范围扩大。密度大易于沉积在地面，会导致水平危险范围扩大。

通风情况对划分区域危险等级影响很大。无通风场所，连续释放源、甚至一级释放源可能导致 0 区；二级释放源可能导致 1 区。通风良好的场所危险等级降低，危险范围也缩小，甚至降为非爆炸危险场所。例如，目前化工生产装置大部分采用露天布置。在室内，如果无强制通风装置时，一般可视为障碍通风场所。在室外，危险源周围有树木、建筑物等障碍物处也应视为障碍通风场所。自然通风场所要考虑上部空间积聚密度小的气体、下部空间积聚密度大的气体的可能性。局部机械通风对缩小爆炸危险场所的范围，降低危险等级非常有效。比空气重的气体及其混合物在凹坑、死角及有障碍物处，扩散速度慢而提高了局部地区危险等级。例如，化工企业中，处于 2 区的非全封闭的电缆沟、排污水沟应按 1 区划分。

5.4.3　电气防爆的原理

电气设备防爆主要采用四种技术：外壳间隙防爆、外壳隔离引爆源、介质隔离引爆源和控制引燃源。

1. 外壳间隙防爆

电气设备的带电部分放在外壳内，外部环境中的可燃气体可以通过外壳的配合面缝隙进入壳内，内部电气设备导电部分出现故障火花时，将点燃壳内可燃气体，而内部排出的火焰和爆炸产物在外壳间隙的冷却作用下被冷却至安全温度，不会引燃壳外的可燃气体，起到阻止爆炸向外部传播的作用,这种利用外壳间隙进行隔爆的电气属于隔爆型电气。

2. 外壳隔离引爆源

1)气密型电气设备。小型开关、继电器、电容器、传感器、变压器等一些小型电气设备在使用时要求体积尽量小,如果采用隔爆型结构就较难满足要求,因此常采用熔化、胶粘、挤压等密封措施将外壳进行密封处理,使外部气体不能进入壳内,即使内部产生火花,也不能使火花与可燃气体接触,实现隔离防爆的作用。具有此类外壳根本不会漏气的电气设备属于气密型电气设备。

2)限制呼吸型电气设备。可燃气体处于爆炸极限浓度及以上浓度的概率较小,持续时间较短的场所,电气设备采用限制可燃气体进入电气外壳速度的措施,在外部可燃气体处于爆炸极限浓度及以上浓度的时间内,壳内可燃气体浓度始终处于爆炸极限浓度以下,即使内部产生火花、电弧及危险温度,也不会引起混合气体的爆炸,具有这种外壳的电气设备属于限制呼吸型电气设备。此类方式只适用于开关、仪器仪表、控制调节装置等壳内温升低于10℃的设备。

3. 介质隔离引爆源

介质隔离引燃源是指电气设备内部充满惰性介质使电火花无法与可燃气体接触,而实现隔离防爆。根据惰性介质形态的不同,分为气体介质隔离引燃源、液体介质隔离引燃源、固体介质隔离引燃源。

4. 控制引燃源

采用控制引燃源方式防爆的电气都是在正常运行时不产生火花和电弧的电气设备及弱电设备,包括增安型电气设备、无火花型电气设备和本质安全型电气设备三类。

1)增安型电气设备。如果电气设备在正常运行时不产生火花、电弧和危险高温,可采用高质量绝缘材料、降低温升、增大电气间隙和爬电距离、提高导线连接质量等附加技术措施来增强设备的安全可靠性,减少引燃气体的可能性,采用这种防爆类型的电气设备称为增安型电气设备。由于这种设备在正常情况下不会出现引燃源,因此多用于石油化工企业,但是在煤矿瓦斯突出区域、总回风道、主回风道、采区回风道、工作面等井下危险区域及瓦斯爆炸危险性大的场所不使用。

2)无火花型电气设备。不仅在正常运行时不会点燃周围爆炸性混合物,而且一般也不会产生能引起点燃故障的电气设备称为无火花型电气设备。此类设备必须满足两个技术要求:一是正常运行时不产生火花和电弧;二是与爆炸性混合物相接触的内、外表面温度均不得超过设备温度组别的最高温度。

3)本质安全型电气设备。本质安全电路(简称本安电路)是指在规定试验条件下,正常工作或规定故障状态下所产生的电火花和热效应均不能点燃规定爆炸性混合物的电路。全部采用本安电路的电气设备称为本质安全型电气设备(简称本安设备)。在设备的电气线路中,并非全是本质安全型电路,还含有能影响本安电路安全性能电路的电气设备称为关联电气设备。关联电气设备一般分为两种类型:一种是与本安电路在同一电气设备中它是有可能对本安电路的本安性能产生影响的非本安电路部分;另一种是在本质安全电气系统中,与本质安全型电气设备有电气连接并有可能影响本安性能的非本安电路的电气设备。本安设备及其关联电气设备按使用场所和安全程度不同分为 ia 和 ib 两个等级。

在正常工作、发生一个故障(电气系统中有一个元件损坏,以及由此所产生的一系列元件损坏行为)和两个故障(电气系统中有两个元件单独损坏,以及由此所产生的一系列元件损坏行为)时,均不能点燃爆炸性气体混合物的电气设备定义为 ia 等级的设备。

在正常工作和发生一个故障时,不能点燃爆炸性气体混合物的电气设备定义为 ib 等级的电气设备。

5.4.4　防爆电气设备分类、特性及选型

1. 防爆电气设备分类、特性

根据防爆电气的结构和防爆原理的不同,防爆电气设备一般可分为九种类型。一种防爆电气设备可以采用一种防爆形式,也可以几种形式联合采用,各种防爆形式的电气设备防爆性能有差别,应结合实际情况按照规定进行选择。

防爆电气设备在爆炸危险环境运行时,具备不引燃爆炸物质的性能,其表面的最高温度不得超过作业场所危险物质的引燃温度。

防爆电气设备依其结构和防爆性能的不同分为以下几类。

(1)由隔爆外壳"d"保护的设备(标志 d)

把可能点燃爆炸性混合物的部件封闭在外壳内,其外壳能够承受通过外壳任何接合面或结构间隙进入外壳内部的爆炸性混合物在内部爆炸而不损坏,并且不会引起外部由一种、多种气体或蒸气形成的爆炸性环境的点燃。它是根据最大不传爆间隙原理设计的具有牢固的外壳,把可能产生火花、电弧和危险温度的零部件均放入隔爆外壳内,隔爆外壳使设备内部空间与周围环境隔开。隔爆外壳存在间隙,因设备呼吸作用和气体渗透作用使其内部可能存在爆炸性气体混合物,当其发生爆炸时,外壳可以承受产生的爆炸压力不致损坏,同时外壳的结构间隙可冷却火焰、降低或终止火焰的传播,从而达到隔爆的目的。设备外壳可用钢板、铸钢、铝合金、灰铸铁等材料制成。这类防爆电气正常运行时壳内如果产生火花或电弧,必须设有联锁装置保证电源接通时不能打开壳、盖,而壳、盖打开时,不能接通电源。此类设备安全性较高,可用于 0 区之外的各级危险场所。对于内部经常产生电弧或电火花的电气设备,即使是隔爆型防爆结构,最好也尽量避免在 1 区危险场所使用。

(2)由增安型"e"保护的设备(标志 e)

对电气采取附加措施,以提高其安全程度。防止在正常运行或规定的异常条件下产生危险温度、电弧和火花的可能性的防爆形式。通过降低或控制工作温度、保证电气连接的可靠性、增加绝缘效果、提高外壳防护等级等措施,以减少出现可能引起点燃故障的可能性,提高电气设备正常运行和规定故障条件下的安全可靠性。主要适用于 2 区危险场所,部分种类可以用于 1 区。

(3)由本质安全型"i"保护的设备(标志 i)

本质安全型是电气设备的一种防爆形式,它将设备内部和暴露于潜在爆炸性环境连接导线可能产生的电火花火热效应能量限制在不能产生点燃的水平。本质安全型防爆结构的电气设备使用安装较复杂,要使其整个系统回路都具有本质安全性,才能保证它的防爆性能。本质安全设备和关联设备的本质安全部分分为"ia""ib"或"ic"三个保护等级。另外,爆炸性粉尘环境用的此类型电气设备用"id"标志。

(4)正压型(标志 p)

具有保护外壳,通过保持设备外壳内部保护气体的压力高于外部大气压的措施来达到安

全的电气设备。可利用两种方法实现正压：一种是在系统内部保护静态正压；另一种方法是保持持续的空气或惰性气体流动，以限制可燃性混合物进入外壳内部。两种方法都需要在设备启动前用保护气体对外壳进行冲洗，带走设备内部非正压状态时进入外壳内的可燃气体，防止在外壳内形成可燃性混合物。该类设备可以用于1区和2区危险场所。正压外壳管道和它们的连接部件应承受制造厂规定的正常运行时，所有排气孔封闭状态下最大正压的1.5倍压力，最低压力为200 Pa。如果运行中产生的压力可能引起外壳管道或连接部件变形，应设置安全装置，将最大内部正压限制到低于对防爆形式可能产生不利影响的水平。

另外，爆炸性粉尘环境用的电气设备用"pD"标志。

（5）油浸型（标志o）

将电气设备或电气设备的部件整个浸在保护液，形成的电弧或火花浸在保护液下，起到熄弧、绝缘、散热、防腐作用，使之不能点燃油面以上或外壳外的爆炸性气体环境。

（6）充砂型（标志q）

将能点燃爆炸性气体的导电部件固定在适当的位置上，且完全埋入填充材料（如石英或玻璃颗粒）中，以防止点燃外部爆炸性气体环境。适用于1区和2区危险场所。

（7）"n"型电气设备（标志n）

在正常条件运行时和规定的一些异常条件下，不能点燃周围爆炸性气体环境的电气设备。主要用于2区危险场所。

（8）浇封型（标志m）

将可能产生点燃爆炸性混合物的火花或过热的部分封入复合物中使它们在运行或安装条件下不能点燃爆炸性气体环境的电气设备。采用浇封措施，可防止电气元件短路、固化电气绝缘，避免了电路上的火花以及电弧和危险温度等引燃源的产生，防止了爆炸型混合物的侵入，控制正常和故障状况下的表面温度。

另外，爆炸性粉尘环境用的此类型电气设备用"mD"标志。

（9）特殊型（标志s）

上述类型未包括的防爆类型。该形式可暂由主管部门制定暂行规定，并经指定的防爆检验单位检验认可能够具有防爆性能的电气设备。该类设备是根据实际使用开发研制的，可适用于相应的危险场所。

2. 防爆电气设备的选型

防爆电气设备应根据爆炸危险环境区域和爆炸物质的类别、级别和组别进行选型。GB5008—1992《爆炸和火灾危险环境电力装置设计规范》中按最大试验安全间隙（MESG）或最小点燃电流（MICR）对爆炸性气体混合物分级，见表5-3。爆炸性气体混合物按引燃温度分组，见表5-4。

表5-3　按最大试验安全间隙（MESG）或最小点燃电流比（MICR）分级

级　别	最大试验安全间隙（MESG）/mm	最小点燃电流比（MICR）
ⅡA	≥0.9	＞0.8
ⅡB	0.5＜MESG＜0.9	0.45≤MICR≤0.8
ⅡC	≤0.5	＜0.45

注：1.分级的级别应符合现行国家标准（爆炸性环境用防爆电气设备通用要求）。

2.最小点燃电流比（MICR）为各种易燃物质按照它们最小点燃电流值与实验室的甲烷的最小电流值之比。

表 5-4　引燃温度分组

组　别	引燃温度 $t/℃$	组　别	引燃温度 $t/℃$
T_1	$t > 450$	T_4	$135 < t \leqslant 200$
T_2	$300 < t \leqslant 450$	T_5	$100 < t \leqslant 135$
T_3	$200 < t \leqslant 300$	T_6	$85 < t \leqslant 100$

　　根据爆炸危险区域的分区、电气设备的种类和防爆结构的要求,选择相应的电气设备。选用的防爆电气设备的级别和组别,不应低于该爆炸性气体环境内爆炸性气体混合物的级别和组别。当存在两种以上易燃物质形成的爆炸性气体混合物时,应按危险程度较高的级别和组别选用防爆电气设备。爆炸危险区域内的电气设备,应符合周围环境内的化学的、机械的、热的、霉菌以及风沙等不同环境条件对电气设备的要求。电气设备结构应满足电气设备在规定的运行条件下不降低防爆性能的要求。

　　根据场所存在爆炸性气体特点和出现频繁程度,确定爆炸性危险区域的级别,即 0 区、1区、2 区,依据表 5-5 确定所选防爆电气的防爆结构类型;各种电气设备防爆结构的选型需考虑电气设备的类型和使用条件,对于旋转电气,低压变压器类,低压开关和控制器类,灯具类,信号、报警装置等电气设备防爆结构的选型可见表 5-6~表 5-10。

表 5-5　爆炸危险场所电气设备防爆类型选型

爆炸危险区域	适用的防护形式电气设备类型	符　号
0 区	本质安全型	ia
	其他特别为 0 区设计的电气设备	s
	适用于 0 区的防护类型	
	隔爆型	d
	增安型	e
1 区	本质安全型	ib
	油浸型	o
	正压型	p
	充砂型	q
	其他特别为 1 区设计的电气设备	s
2 区	适用于 0 区或 1 区的防护类型	
	无花火型	n
10 区	适用于 2 区的各种防护类型	
	尘密型	
11 区	适用于 10 区的各种防护类型	
	IP54(用于电动机)	
	IP56(用于电器、仪表)	

表 5-6 旋转电气防爆结构的选型

防爆结构 电气设备	1区			2区			
防爆危险区域	隔爆型 d	正压型 p	增安型 e	隔爆型 d	正压型 p	增安型 e	无火花型 a
鼠笼型感应电动机	○	○	△	○	○	○	
绕线型感应电动机	△	△		○	○	○	○
同步电动机	○	○		○	○	○	×
直流电动机	△	△		○	○	○	
电感滑差离合器 （无机刷）	○	△	×	○	○	○	△

注:1.表中符号:○为适用;△为慎用;×为不适用(下同)。

2.绕线型感应电动机及同步电动机采用增安型时,其主体是增安型防爆结构,发生电火花的部分是隔爆或正压型防爆结构。

3.无火花型电动机在通风不良及户内具有比空气重的易燃物质区域内慎用。

表 5-7 低压变压器类防爆结构的选型

防爆结构 电气设备	1区			2区			
防爆危险区域	隔爆型 d	正压型 p	增安型 e	隔爆型 d	正压型 p	增安型 e	充油型 o
变压器(包括起动用)	△	△	×	○	○	○	○
电抗线圈(包括起动用)	△	△	×	○	○	○	○
仪表用互感器	△	△	×			○	○

表 5-8 低压开关和控制器类防爆结构的选型

防爆结构 电气设备	0区 本质 安全型 ia	1区					2区				
防爆危险区域		本质 安全型 ia,ib	隔爆型 d	正压型 p	充油型 o	增安型 e	本质 安全型 ia,ib	隔爆型 d	正压型 p	充油型 o	增安型 e
刀开关、短路器			○					○			
熔断器			△					○			
控制开关及按钮	○	○	○				○			○	
电抗起动器和启动 补偿器			△	△							○
起动用金属电阻器			△		×						○
电磁阀用电磁铁			○		×						○
电磁摩擦制动器			△		×						△
操作箱、柱		○	○					○	○		
控制盘			△					○	○		
配电盘			△					○			

注:1.电抗起动器和启动补偿器采用增安型时,是指将隔爆结构的起动运转开关操作部件与增安型防爆结构电抗线圈或单绕组变压器组成一体的结构。

2.电磁摩擦制动器采用隔爆型时,是指将制动片、滚筒等机械部分也装入隔爆壳体内者。

3.在2区内电气设备采用隔爆型时,是指除隔爆型外,也包括主要有火花部分为隔爆结构而其外壳为增安型的混合结构。

表 5 - 9　灯具类低压开关和控制器类

防爆危险区域 防爆结构 电气设备	1 区		2 区	
	隔爆型　d	增安型　e	隔爆型　d	增安型　e
固定式灯	○	×	○	○
移动式灯	△		○	
携带式电池灯	○	×	○	
指示灯类	○		○	○
镇流器	○	△	○	○

表 5 - 10　信号、报警装置等电气设备防爆结构的选型

防爆危险区域 防爆结构 电气设备	0 区	1 区				2 区			
	本质安全型 ia	本质安全型 ia,ib	隔爆型 d	正压型 p	增安型 e	本质安全型 ia,ib	隔爆型 d	正压型 p	增安型 e
信号、报警装置	○	○	○	○	×	○	○	○	○
插接装置			○				○		
接线箱(盒)			○		△		○		○
电气测量表计			○		×		○	○	○

在爆炸性粉尘环境中出现粉尘应按引燃温度分组。并应符合表 5 - 11 的规定。

在爆炸性粉尘环境内,电气设备最高允许表温度应符合表 5 - 12 的规定。

表 5 - 11　引燃温度分组

温度组别	引燃温度　$t/℃$
T_1	$t>270$
T_2	$200<t\leqslant270$
T_3	$150<t\leqslant200$

注:确定粉尘温度组别时,应取粉尘云的引燃温度和粉尘层的引燃温度两者中的低值。

表 5 - 12　电气设备最高允许表面温度

引燃温度组别	无过负荷的设备	有过负荷的设备
T_{11}	215℃	195℃
T_{22}	160℃	145℃
T_{13}	120℃	110℃

防爆电气设备选型时,除可燃性非导电粉尘和可燃纤维的 11 区环境采用防尘结构(标志为 DP)的粉尘防爆电气设备外,爆炸性粉尘环境 10 区及其他爆炸性粉尘环境 11 区均采用尘密结构(标志为 DT)的粉尘防爆电气设备,并按照粉尘的不同引燃温度选择不同引燃温度组别的电气设备。

在火灾危险环境内,应根据区域等级和使用条件,按表 5 - 13 选择相应类型的电气设备。

表 5 – 13　电气设备防护结构的选型

电气设备	火灾危险区域防护结构	21 区	22 区	23 区
电机	固定安装 移动式、携带式	IP44 IP54	IP54	IP21 IP54
电器和仪表	固定安装 移动式、携带式	充油型、IP54、IP44 IP54	IP54	IP44 IP44
照明灯具	固定安装 移动式、携带式	IP2X		
配电装置接线盒		IP5X	IP5X	IP2X

注：1. 在火灾危险环境 21 区内固定安装的正常运行时有滑环等火花部件的电机,不宜采用 IP44 结构。
　　2. 在火灾危险环境 23 区内固定安装的正常运行时有滑环等火花部件的电机,不应采用 IP21 型结构,而应采用 IP44 型。
　　3. 在火灾危险环境 21 区内固定安装的是正常运行时有火花部件的电器和仪表,不宜采用 IP44 型。
　　4. 移动式和携带式照明灯具的玻璃罩,应有金属网保护。
　　5. 表中防护等级的标志应符合现行国家标准《外壳防护等级的分类》规定

　　在爆炸危险区域选用电气设备时,应尽量将电气设备(包括电气线路),特别是在运行时能发生火花的电气设备,如开关设备,装设在爆炸危险区域之外。如必须装设在爆炸危险区域内时,应装设在危险性较小的地点。如果与爆炸危险场所隔开的话,就可选用较低等级的防爆设备,乃至选用一般常用电气设备。

　　在爆炸危险区域采用非防爆型电气设备时,应采取隔墙机械传动。安装电气设备的房间,应采用非燃体的墙与危险区域隔开。穿过隔墙的传动轴应有填料或同等效果的密封措施;未正压措施时,安装电气设备房间的出口应通向无爆炸和火灾危险的区域。

5.5　防　静　电

5.5.1　静电的产生

1. 静电定义

当两种不同性质的物体接触摩擦时,由于物体对电子的吸力不同,在物体间发生电子转移,使甲物体失去一部分电子而带正电荷,乙物体获得一部分电子而带负电荷。如果摩擦后分离的物体对大地绝缘,则电荷无法泄漏,停留在物体的内部或表面是相对静止的状态,这种电荷就称为静电。

2. 静电的产生

(1)液体静电的产生

包括液体流动带电或气液界面起电两种现象。当电阻率较高的液体在金属配管中输送时产生的一种带电现象,称为液体流动带电。水是极性分子,它和其他液体分裂成水雾或泡时,会产生大量的静电和较高的电位。水滴呈现正电性,而飞沫为负电性,这种现象为气液界面起电。

（2）气体静电的产生

气体分子间的距离要比气体分子大几十倍，互相接触、分离的可能性很少。然而当管道内气压增加时，气体流速加快，气体将带有很高的静电压；加之在气体内部如存在大量的灰尘、金属粉末、液滴、水锈等微小颗粒，更增大带电的可能性。一般当蒸气高速喷出时，静电带电可达几百到十几万伏的静电电压。

（3）固体静电的产生

1）接触分离起电。两种不同的固体材料相互接触时在它们之间的距离达到或小于 25×10^{-8} cm 时，在接触面上发生电荷的转移。其中一种物质的电子传给另一种物质。导致失去电子的物体带正电，得到电子的物体带负电，这就是接触带电现象。

2）物理效应起电。包括压电效应、热电效应和感应带电。晶体在受外应力作用下，其原来正、负离子排列成不对称点阵的材料，应力作用下产生电偶极矩，并进行内部的定向排列。对于不对称的晶体受到应变后，由于受到不对称内应力作用，离子间产生不对称的相对移动，结果产生了新的电偶极矩和面电荷，这种现象就是压电效应。当给某些晶体加热时，加热端产生正电荷，未加热端产生负电荷。如再将该晶体介质冷却，其两端带有相反的电荷，这种现象称为热电效应。感应带电一般是指静电场对金属导体的感应带电现象。这是由于在外电场力的作用下，导体上的电荷发生了再分布，使导体的局部或整体带上不能流动电荷的现象。

此外，粉体物料在研磨、搅拌、筛分或高速运动时，由于粉体具有分散性及悬浮状态等特点，颗粒之间以及粉体颗粒与管道壁、容器壁或其他器具之间碰撞、摩擦而产生有害的粉体静电。如整块聚乙烯是很稳定的，而粉体聚乙烯却可能发生剧烈的爆炸。由于粉体处在悬浮状态，颗粒与大地之间总是通过空气绝缘的，而与组成粉体的材料是否是绝缘材料无关。因此，铝粉、镁粉等金属粉体也能产生和积累静电。粉体静电与粉体材料性质、管道或搅拌器材料性质、工作时间长短、环境温湿度、运动速度和形式、粉体颗粒大小和表面几何特征等因素有关。

5.5.2　静电的危害

第一，引发燃烧爆炸事故。在易燃易爆场所由于静电放电引发火灾爆炸是静电的最大危害。在有可燃液体的作业场所，可能由于静电火花引起燃烧而酿成火灾。在有可燃气体、蒸气或粉尘、纤维的燃爆性混合物的场所，可能由静电火花引起爆炸事故。

第二，电击。电击是指当人体接近带电物体或带静电电荷的人体接近接地体时，由于静电放电造成人体被电击的现象。一般情况下静电放电能量较小，不会因静电电击使人致命，但人体可能因闪电击引起坠落、摔倒等二次事故。电击还可能使工作人员产生不适感，轻则疼痛、重则肌肉麻痹，甚至引起误动作，造成次生灾害。

第三，产品质量和生产效率受影响。静电力作用或高压击穿作用主要是使产品质量下降或造成生产故障，如橡胶半成品带静电后将产生力的作用，使橡胶半成品吸引周围空气中的大量灰尘，影响产品内在质量；电子元器件生产操作过程中，由于人体静电放电可能使其内部电路击穿而成为废品；静电使粉体吸附于设备和管线，影响其过滤和输送；静电放电过程产生的电磁场是射频辐射源，对通信设施是干扰源，对计算机会产生误动作，某些电子计算机类设备异常，严重时可能造成事故。

5.5.3 预防和控制静电危害的技术措施

防止静电产生事故,主要是通过防止静电的产生和及时消除已产生的静电,避免静电积累和静电放电引起易燃易爆物质发生燃烧和爆炸。防止和控制静电危害的基本途径如下:

第一,作业方面控制静电的产生。例如,对于易燃液体输送,应限制其流速、控制装卸方式,防止不同油品相混及油中掺水夹气等。

第二,采取措施加速已产生的静电的逸散,防止静电积聚。其措施主要有泄放法和中和法。

第三,在有些情况下静电积聚不可避免,电压迅速上升,甚至造成放电时,则应采取措施使其虽然放电却不致引起火灾爆炸。如在易燃液体储罐的空余空间充惰性气体、安装检测报警装置及采用排风装置等。

下面叙述一些防止静电危害的基本措施。

1. 作业控制法

作业控制法就是从工艺流程、设备结构、材料选择和操作管理等方面采取措施,限制静电的产生或控制静电的积累,使之达不到危险程度。

（1）限制输送速度

降低物料移动中的摩擦速度或液体物料在管道中的流速等工作参数,可限制静电的产生。例如,油品在管道中流动所产生的流动电流或电荷密度的饱和值近似与油品流速的二次方成正比,所以对液体物料来说,控制流速是减少静电电荷产生的有效办法。为了不影响生产效率,将最大允许流速定为安全流速,使物料在输送中不超过安全流速的规定。安全流速与管径、电阻率、粉体性质等因素有关。

（2）加速静电电荷的消散

在产生静电的任何作业过程中,总是包括产生和逸散两个区域。在静电产生的区域,分离出相反极性的电荷称为带电过程;在静电逸散区域,电荷自带电体上泄漏消散。

正确区分静电的产生区和逸散区,在两个区域中可以采取不同的防静电危害措施,增强消除静电的效果。例如,在粉体物料的气流输送中,空送系统及管道是静电产生区,而接受料斗、料仓是静电逸散区。在料斗和料仓中,装设接地的导电钢栅,可有效地消除静电。而在产生区装设上述装置,反而会增加静电的产生和静电火花的产生。

对设备和管道选用适当的材料,人为地使物体在不同材料制成的设备中流动。

（3）消除产生静电的附加源

对于产生静电的附加源,如液流的喷溅、容器底部积水受到注入流的搅拌、在液体或粉体内夹入空气或气泡、粉尘在料斗或料仓内冲击、液体或粉体的混合搅动等,只要采取相应的措施,就可以减少静电的产生。

为了避免液体在容器内喷溅,应从底部注油或将油管延伸至容器底部液面下。

为了减轻从油槽车顶部注油时的冲击,从而减少注油时产生的静电,应改变注油管出口处的几何形状,对降低油槽内液面的电位有一定的效果。

为了降低罐内油面电位,过滤器不宜离管出口太近。一般要求从罐内到出口有 30 s 缓冲时间,如满足不了则需配置缓冲器或采取其他防静电措施。

油罐或管道内混有杂质时,有类似粉体起电的作用,静电发生量将增大。例如,油中如含水 5%,会增大 10～50 倍的起电效应。因此,应消除杂质,以减少静电产生。

2. 减少静电荷的积累

静电荷的产生和泄放是相关的两个过程,如果静电的产生量大于静电电荷的泄放量,则在物体上就会产生静电荷的积聚。因此,可通过静电接地、等电位连接、增加空气的相对湿度、采用静电添加剂、静电缓冲等方法减少静电的积累。

使带电体上的静电荷能够向大地泄漏消散,静电接地的方式有多种,如利用工艺手段对空气增湿、添加抗静电剂使带电体的电阻率下降或规定静置的时间等,使所带的静电荷得以通过接地系统导入大地。一般认为,在任何条件和环境下,带电体上电荷质点的对地总泄漏电阻值小于 $10^6 \Omega$,对于易燃可燃液体,其电阻率小于 $10^8 \Omega \cdot m$ 时,在金属容器中储放的物料其接地条件可认为是良好的。

(1)增湿

带电体在自然环境中放置,其所带有的静电荷会自行逸散。逸散的快慢与介质的表面电阻率和体积电阻率大小有关系,而介质的电阻率又和环境的湿度有关。提高环境的相对湿度,不只是可缩短电荷的半衰期,还能提高爆炸性混合物的最小引燃能量。从消除静电危害的角度讲,在允许增湿的场所,保持相对湿度在 70% 以上较为适宜。

(2)加抗静电剂

在非导体材料里加入抗静电剂后,能增加材料的吸湿性或离子化倾向,使材料的电阻率降到 $10^4 \sim 10^6 \Omega \cdot m$ 以下,有的抗静电剂本身有良好的导电性,同样可加速静电的泄漏,消除电荷积累的危险。电气制造业一般不使用化学防静电剂,而纺织行业则大量使用,化工、石油等行业中,根据成本、毒性、腐蚀性、使用有效性对物料产品性质的影响等来考虑是否使用该方法。内加型的表面活性剂对于塑料防静电的效果良好,而表面活性剂用于纤维的防静电。

(3)确保静置时间和缓冲时间

液体经注油管输入容器和储罐,将带入一定的静电荷。静电荷混杂在液体内,根据电导和同性相斥的原理,电荷将向容器壁及液面集中泄漏消散;而液面上的电荷又要通过液面导向器壁导入大地,显然是需要一段时间才能完成这个过程的。管道中的过滤器和管道出口之间需有 30 s 的缓冲时间,油罐在注油过程中,从注油停止到油面产生最大静电电位也有一段延迟时间。

(4)静电接地

静电与大地连接是消除导体上静电简单而有效的方法,是防静电中最基本的措施。静电接地连接是接地措施中重要一环,其目的是使带电体的电荷有一条导入大地的通路。实现的办法是静电跨接、直接接地、间接接地等手段,把设备上的各部分经过接地极与大地作可靠的电气连接。

静电接地连接系统的电阻是指被接地对象经金属容器接地支线、干线,接地极到大地的电阻值。该值是衡量静电荷外界导出通路良好与否的依据,数值应小于 100 Ω。

直接接地是将金属体与大地进行电气连接,使金属体的静电电位接近于大地,简称接地。

间接接地是将非金属体全部或局部表面与接地的金属紧密相连,从而获得接地的条件。

静电跨接是将两个以上没有电气连接的金属导体进行电气连接,使相互之间大致处于相同的静电电位。而跨接线必须与大地相连,方能起到确保安全的作用,跨接电阻是组成静电接地连接系统电阻值的一部分。

3. 静电中和法

使用静电消除器将气体分子进行电离产生消除静电所必要的离子。其中与带电物体极性相反的离子,向带电物体移动,并和带电物体的电荷进行中和,从而达到消除静电的目的。静电消除器已被广泛应用于生产薄膜、纸、布、粉体等的生产中。但是如使用方法不当或失误会使消静电效果减弱,甚至导致灾害的发生,因此必须在认真研究静电消除器的特性和使用方法后再选择使用。

4. 人体的防静电措施

人体带电除了能使人体遭到电击和对安全作业造成威胁外,还能在精密仪器、电子器件等产品生产中造成质量事故,为此必须防止人体带电对生产及作业造成危害。

人体静电的产生包括:鞋与地面之间的摩擦带电;人体和衣服间的摩擦带电;与带电物之间的感应带电和接触带电,吸附带电。一般可采用接地、工作地面导电化和严格安全操作等措施进行控制。

在人体必须接地的场所,应装设金属接地棒消电装置,以随时消除人体所带静电。坐姿工作的场合,工作人员可佩带接地的腕带。在有静电危害的场所,应注意着装,穿戴防静电工作服、鞋和手套,不得穿化纤衣服。导电工作服要求在摩擦过程中,其带电电荷密度不得大于 $7.0\ \mu C/m^2$,一般消电场合 $10^{10}\ \Omega$,对爆炸危险场所选择在 $10^6 \sim 10^7\ \Omega$ 为宜;导电工作鞋应在 $0.5 \times 10^5 \sim 1.0 \times 10^8\ \Omega$ 范围。

对于特殊危险场所的工作地而应具有导电性或造成导、静电条件,如洒水或铺设导电地板。工作地面泄漏电阻的阻值既要小到能防止人体静电的积累。又要防止人体触电时不致受到严重伤害,所以,电阻值应适当。为泄放人体静电一般选择人体泄漏电阻在 $10^8\ \Omega$ 范围以下,同时考虑特别敏感的爆炸危险的场合,避免通过人体直接放电所造成的引燃源。所以泄漏电阻要选在 $10^7\ \Omega$ 以上。另外在低压工频线路的场合还要考虑人身误触电的安全防护问题,所以泄漏电阻选择在 $10^6\ \Omega$ 以上为宜。

另外,工作中回避危险动作,因为某些动作可能产生静电放电而引起火灾爆炸事故。在操作对静电敏感的化工产品时,按规定人体电位不能超过 10V,最大不能超过 100V,人们可依据这个具体要求控制操作速度及方法。例如,不要在存在爆炸危险且可燃物的最小点火能量较小的危险场所内穿脱衣物、鞋帽及剧烈活动;不要接近或接触带电体。在有静电危险的场所,不得携带与工作无关的金属物品,如钥匙、硬币、手表、戒指等,也不许穿带钉子鞋进入现场。不准使用化纤材料制作的拖布或抹布擦洗物体或地面等。

针对产生静电场所周围空间静电荷累积情况,可使用静电场强计或静电电位计,以预防静电事故发生;也可通过静电屏蔽方式防止静电荷向人体放电造成击伤。

5.6 防 雷 击

5.6.1 雷电的产生、分类及危害

1. 雷电的产生和分类

雷云是产生雷电的基本条件。水蒸气在上升过程中受到高空高速低温气流吹袭会凝成水滴，进而聚集形成云。水平移动的冷气团和热气团在其前锋交界面上也会形成积云。云中水滴受强气流吹袭时，分裂成大小不同的水滴，它们带有不同的电荷。其中，较大的水滴带正电（或负电）以雨的形式降落到地面，较小的水滴就成为带负电（或正电）的云在空中飘浮或被气流带走，于是成为带有不同电荷的雷云。雷云达到一定数量的电荷聚集，电势就逐渐上升，当带不同电荷的雷云互相接近到一定程度，或与地面凸出物接近时，就会发生云层之间或云层与大地之间迅猛的放电，称为雷击。雷击时放电温度可高达2 000 ℃，出现强烈的闪光，空气受热急剧膨胀，发生爆炸的轰鸣声，这就是人们看到的闪电和听到的雷鸣。根据形状不同，雷电大致可分为片状、线状和球状三种形式；从危害的角度考虑，雷电可分为直击雷、感应雷（包括静电感应和电磁感应）、雷电侵入波和球雷四种。

1）直击雷。当云层与地面或地面的凸出物之间接近时，将在地面或其凸出物上感应出异性导电性电荷，当电场强度达到空气击穿的强度时，雷云与地面之间放电形成的雷击为直击雷击。

2）感应雷。又称为"二次雷"，分为静电感应和电磁感应两种。静电感应是由于雷云先导的作用，使附近导体上（架空线路或凸出导体）感应出与先导通道符号相反的电荷，雷云上放电时，先导通道中的电荷迅速中和，在导体上感应出电荷得到释放（失去束缚），以高压冲击波的形式沿线路或导电凸出物极快地传播，如不就近泄入大地中就会产生很高的电位。电磁感应是由于雷击后雷电流迅速变化在其周围产生瞬变的强电磁场，使附近导体上感应出很高的电动势。开口状的导体则在开口处引起火花放电；闭合导体回路则在环路内产生很大的冲击波。

3）雷电侵入波。沿架空线路或管线迅速传播的雷电波，如侵入屋内、危及人身安全或损坏设备。

4）球雷。雷电形成的发红光、橙光、白光或其他颜色的火球，火球直径约 20cm，球雷存在时间为数秒到数分，是一团处于特殊状态下的气体。在雷雨季节，球雷可能从门、窗、烟囱或其他缝隙侵入室内，或者无声的消失，或者发出"丝丝"的声音，或者发生剧烈爆炸。球雷横向移动可能使避雷针失去防范作用。

2. 雷电的危害

雷电的破坏作用是多方面的，雷电具有时间短、电流大、频率高、电压高等特点，可击穿电气设备，造成大面积停电，击毁建筑物，引起火灾和爆炸事故。雷电通常以电磁效应、电效应、热效应、机械效应、静电效应、雷电波侵入等形式产生破坏作用。

1）电磁感应。由于雷电在极短时间内产生很高的电压和很大的电流，因此，在它周围的空间里，将产生强大的交变电磁场。不仅会使处在这一电磁场中的导体感应出较大的电动势，并

且还会在构成闭合回路的金属物中感应电流。这时如果回路中有的地方接触电阻较大,就会局部发热或产生火花放电,这对于存放易燃、易爆品的建筑物是非常危险的。

2)电效应。雷电放电产生数十万伏至数百万伏的冲击电压或外部过电压,可击穿电气设备的绝缘,引起短路,损坏电气设备和线路,造成大规模停电,甚至导致火灾或爆炸事故。当防雷装置受电击,并且它与其他电气设备或电气线路距离较近时,产生的放电现象称为反击。反击可引起电气设备绝缘损坏,金属管线烧穿,甚至酿成火灾和爆炸事故。绝缘的损坏还为高压窜入低压、设备漏电造成了危险条件,并能由此造成严重触电事故。雷击时产生的电火花,可使人遭到不同程度烧伤,巨大的雷电流流入地下,会在雷击地点或其连接的导体导致接触电压或跨步电压的触电事故。

3)静电感应。当金属物处于雷云和大地电场中时,金属物上会产生大量的电荷。雷云放电后,云和大地间的电场虽然消失,但金属物上所感应积聚的电荷却来不及逸散,因而产生很高的对地电压。这种对地电压,称为静电感应电压。静电感应电压往往高达几万伏。可以击穿数十厘米的空气间隙,发生火花放电,这对于存放可燃性物品及易爆物品的场所是非常危险的。

4)雷电波侵入。由于雷电对架空线路、电缆线路或金属管道的作用,使雷电波,即闪电电涌沿线路管道迅速传播,可造成配电装置和电气线路绝缘层被击穿,产生短路,或使易燃、易爆品燃烧和爆炸。

5)热效应。强大电流通过导体时,在极短的时间内转换为大量热能,雷击点的发热能量为 $500\sim2\,000$ J,这一能量足以造成易燃物燃烧、金属熔化、飞溅,引发火灾、爆炸事故,高大的化工设备或储罐尤其要重点防范。

6)机械效应。由于巨大的雷电流通过被击物时,使被击物结构中间缝隙里的空气剧烈膨胀,并使水分及其他物质急剧蒸发或分解为气体,因而在被击物内部出现强大的机械压力,使被击物体遭受严重破坏或发生爆炸。

5.6.2　防雷装置

防雷装置主要由接闪器、引下线和接地体三部分组成。防雷装置所用金属材料应有足够的截面,以承受雷电流通过,并应有足够的机械强度和耐腐蚀性、热稳定性等性能,以承受雷电流的破坏作用。

接闪器是专门直接接受雷击的金属导体。接闪器利用其高出被保护物的突出地位,把雷电引向自身,然后通过引下线和接地装置,把雷电流泄入大地,以保护被保护物免受雷击。接闪器有杆状接闪器(接闪杆或避雷针)、线状接闪器(接闪线或避雷线)、网状接闪器(接闪网、避雷网或带)和金属设备本体接闪器等形式。

避雷针有安装在被保护建筑物上的避雷针和直接在地面上的独立避雷针两种类型。独立避雷针多用于保护露天变、配电装置和有可燃、爆炸危险的建筑物。避雷线也叫架空地线,多用于保护电力线路和狭长的单层建筑物,是防直击雷的主要方法措施之一。当建筑物上部不能装设突出的避雷针保护时,可采用避雷网和避雷带保护。出于避雷网和避雷带安装比较容易,且一般无须计算保护范围,并且不影响外观的原因,所以很多建筑采用避雷网和避雷带保护方式较多。当避雷网和避雷带与其他接闪器组合使用时或为保护低于建筑物的物体,可把避雷网和避雷带处于建筑物屋顶四周的导体当作避雷线看待。

引下线为防雷装置的中段部分，一般为钢筋。接地装置是埋在地下的接地线和接地体。

5.6.3　防雷设计有关规定

依据 GB50650—2011《石油化工装置防雷设计规范》，化工装置的各种场所。应根据能形成爆炸性气体混合物的环境状况和空间气体的消散条件，划分为厂房房屋或户外装置区。化工装置厂房房屋类场所的防雷设计，应符合现行国家标准 GB50057—2000《建筑物防雷设计规范》的有关规定。化工装置户外装置区的防雷设计应执行 GB50650—2011《石油化工装置防雷设计规范》的有关规定。

5.6.4　储罐区防雷措施

1）金属罐体应做防直击雷接地，接地点不应少于两处，并应沿罐体周边均匀布置，引下线的间距不应大于18 m。每根引下线的冲击接地电阻不应大于10 Ω。

2）储存可燃物质的储罐，其防雷设计应符合下列规定。

a. 钢制储罐的罐壁厚度大于或等于 4 mm，在罐顶装有带阻火器的呼吸阀时，应利用罐体本身作为接闪器。

b. 钢制储罐的罐壁厚度大于或等于 4 mm，在罐顶装有无阻火器的呼吸阀时，应在罐顶装设接闪器，且接闪器的保护范围应符合下列规定。

· 未装阻火器的排放爆炸危险气体或蒸气的放散管、呼吸阀和排风管等，管口外的以下空间应处于接闪器保护范围内。

· 当有管帽时：接闪器的保护范围应按表 5 - 14 确定。

· 当无管帽时：接闪器的保护范围应为管口上方半径 5m 的半球体空间。接闪器与雷闪的接触点应设在上述空间之外。

表 5 - 14　有管帽的管口外处于接闪器保护范围内的空间

管口内压力与周围空气压力的压力差/kPa	排放物的比重	管帽以上的垂直高度/m	距管口处的水平距离/m
<5	重于空气	1	2
5～25	重于空气	2.5	5
≤25	轻于空气	2.5	5
>25	重或轻于空气	5	5

c. 钢制储罐的罐壁厚度小于 4 mm 时，应在罐顶装设接闪器，使整个储罐在保护范围之内。罐顶装有呼吸阀（无阻火器）时，接闪器的保护范围应符合本小节中对接闪器的规定。

d. 非金属储罐应装设接闪器，使被保护储罐和突出罐顶的呼吸阀等均处于接闪器的保护范围之内，接闪器的保护范围应符合本小节中对接闪器的规定。

e. 覆土储罐当埋层大于或等于 0.5 m 时，罐体可不考虑防雷设施。储罐的呼吸阀露出地面时，应采取局部防雷保护，接闪器的保护范围应符合本小节中对接闪器的规定。

f. 钢制金属储罐的顶板厚度大于或等于表 5 - 15 中的厚度 t 值时,应利用罐体本身作为接闪器;顶板厚度小于表 5 - 15 中的厚度 t 值时,应在罐顶装设接闪器,使整个储罐在保护范围之内。

表 5 - 15　做接闪器设备的金属板最小厚度

材　料	防止击(熔)穿的厚度 t/mm	不防止击(熔)穿的厚度 t/mm
不锈钢、镀锌钢	4	0.5
钛	4	0.5
铜	5	0.5
铝	7	0.65
锌	—	0.7

3)浮顶储罐(包括内浮顶储罐)应利用罐体本身作为接闪器。浮顶与罐体应有可靠的电气连接。浮顶储罐的防雷设计应按现行国家标准 GB50074《石油库设计规范》的有关规定执行。

习题与思考题

5 - 1　一般作业过程中防火防爆措施主要从哪几个方面考虑?

5 - 2　化工生产作业中常见的点火能源有哪些?

5 - 3　如果生产作业场所存在易燃易爆和有毒气体时,检测器应如何选择?

5 - 4　防爆电气设备是如何分类的?

5 - 5　如何预防人体静电产生危险?

第6章 危险化学品泄漏及控制

6.1 泄漏分析

6.1.1 泄漏的危害

危险化学品在生产和使用过程中易发生泄漏的物质主要有常压液体、加压液化气体、低温液化气体、加压气体4种类型。常压下液态的物料泄漏后四处流淌,同时蒸发为气体扩散,如肼类、硝基氧化剂等;常压下加压压缩、液化存储的物料一旦泄漏至空气中会迅速膨胀、气化为常压下的大量气体,迅速扩散至大范围空间,如液态烃、液氯及液氨等。如果泄漏的物质有毒性,将造成扩散范围的人员中毒;如果有燃烧爆炸性,将可能形成火球、池火灾、蒸气云爆炸、沸腾液体扩展蒸气爆炸等严重的火灾爆炸事故,给装备的安全使用带来威胁,造成的危害主要有以下几个方面。

1. 物料和能量损失

泄漏首先流失了有用物料和能量。例如液体推进剂泄漏,多年使用实践中,因阀门、管道、容器、接头、密封件的损坏、失效,因软管接头拆卸时的误操作造成推进剂泄漏等时有发生,损失了大量的推进剂,同时造成贮存推进剂变质,相应设备损坏。

2. 引发着火爆炸事故

泄漏是导致发生火灾、爆炸事故的主要原因。据日本对石化联合企业灾害事故统计的768起事故中,由泄漏引起的多达332起,占事故总数的42%;产生泄漏的部位最多的是配管,包括阀门和法兰,约137起,占泄漏总数的41%。

在国内外发生的多起推进剂着火爆炸案例中,因泄漏再加上处置不当是最主要原因。例如,1980年9月10日美国阿肯色州小石城一口大力神Ⅱ发射井大爆炸起因就是燃料泄漏。

3. 环境污染

泄漏使作业环境恶化,造成环境严重污染。泄漏到环境中的物质一般难以回收,严重污染了空气、水及土壤,并严重危害作业人员的身体健康。例如,1978年8月美国堪萨斯州麦康内尔一个大力神Ⅱ发射井因加注活门失灵,大量四氧化二氮泄漏,橘黄色烟雾冲上天空,范围达3 km,对周围环境造成严重污染。

6.1.2 常见的泄漏源

一般情况下,可以根据泄漏面积的大小和泄漏持续时间的长短,将泄漏源分为两类:一是小孔泄漏,此种情况通常为物料经较小的孔洞长时间泄漏,上游的条件并不因此而立即受到影响,如反应器、储罐,管道上出现小孔,或者法兰、机泵、转动设备等处密封失效;二是大面积泄漏,是指经较大孔洞在很短时间内泄漏出大量物料,如大管径管线断裂、爆破片爆裂,反应器或储罐因超压爆炸等瞬间泄漏出大量物料。

图 6-1 显示了危险化学品在生产和储存中常见的小孔泄漏的情况。对于这些泄漏,物质从储罐和管道上的孔洞和裂纹,以及法兰、阀门和泵体的裂缝和严重破坏或断裂的管道中泄漏出来。

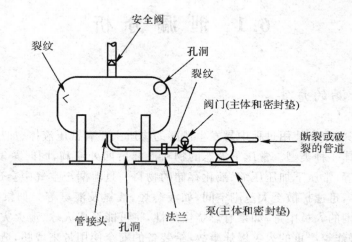

图 6-1 常见的小孔泄漏

图 6-2 显示了危险化学品的物理状态是怎样影响泄漏过程的。对于存储于储罐内的气体或蒸气,裂缝导致气体或蒸气泄漏出来。对于液体,储罐内液面以下的裂缝导致液体泄漏出来。如果液体存储压力大于其大气环境下沸点所对应的压力,那么液面以下的裂缝,将导致泄漏的液体的一部分闪蒸为蒸气。由于液体的闪蒸,可能会形成小液滴或雾滴,并可能随风而扩散开来,液面以上的蒸气空间的裂缝能够导致蒸气流,或气液两相流的泄漏。这主要依赖于物质的物理特性。

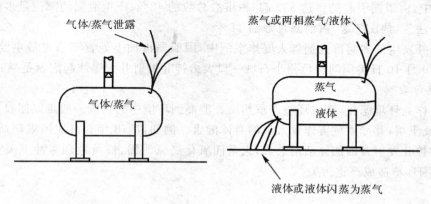

图 6-2 蒸气和液体以单相或两相状态从容器中泄漏出来

6.1.3　泄漏的主要设备

根据各种设备泄漏情况分析,可将含能材料等危险化学品易发生泄漏的设备归纳为以下9类:管道、挠性连接器、过滤器、阀、压力容器或反应器、泵、压缩机、储罐及加压或冷冻气体容器等。

(1)管道

管道包括管道、法兰和接头,其典型泄漏情况和裂口尺寸分别取管径的 20%～100%,20%和 20%～100%。

(2)挠性连接器

挠性连接器包括软管、波纹管和铰接器,其典型泄漏情况和裂口尺寸:①连接器本体破裂泄漏,裂口尺寸取管径的 20%～100%;②接头处的泄漏,裂口尺寸取管径的 20%;③连接装置损坏泄漏,裂口尺寸取管径的 100%。

(3)过滤器

过滤器由过滤器本体、管道、滤网等组成,其典型泄漏情况和裂口尺寸分别取管径的20%～100%和 20%。

(4)阀

阀的典型泄漏情况和裂口尺寸:①阀壳体泄漏,裂口尺寸取管径的 20%～100%;②阀盖泄漏,裂口尺寸取管径的 20%;③阀杆损坏泄漏,裂口尺寸取管径的 20%。

(5)压力容器、反应器

包括化工生产中常用的分离器、气体洗涤器、反应釜、热交换器、各种罐和容器等。常见的此类泄漏情况和裂口尺寸:①容器破裂而泄漏,裂口尺寸取容器本身尺寸;②容器本体泄漏,裂口尺寸取与其连接的粗管道管径的 100%;③孔盖泄漏,裂口尺寸取管径的 20%;④喷嘴断裂而泄漏,裂口尺寸取管径的 100%;⑤仪表管路破裂泄漏,裂口尺寸取管径的 20%～100%;⑥容器内部爆炸,全部破裂。

(6)泵

泵的典型泄漏情况和裂口尺寸:①泵体损坏泄漏,裂口尺寸取与其连接管径的 20%～100%;②密封压盖处泄漏,裂口尺寸取管径的 20%。

(7)压缩机

压缩机包括离心式、轴流式和往复式压缩机,其典型泄漏情况和裂口尺寸:①压缩机机壳损坏而泄漏,裂口尺寸取与其连接管道管径的 20%～100%;②压缩机密封套泄漏,裂口尺寸取管径的 20%。

(8)储罐

露天储存危险物质的容器或压力容器,也包括与其连接的管道和辅助设备,其典型泄漏情况和裂口尺寸:①罐体损坏而泄漏,裂口尺寸为本体尺寸;②接头泄漏,裂口尺寸为与其连接管道管径的 20%～100%;③辅助设备泄漏,酌情确定裂口尺寸。

(9)加压或冷冻气体容器

包括露天或埋地放置的储存器、压力容器或运输槽车等,其典型泄漏情况和裂口尺寸:①露天容器内部气体爆炸使容器完全破裂,裂口尺寸取本体尺寸;②容器破裂而泄漏,裂口尺寸取本体尺寸;③焊接点(接管)裂泄漏,取管径的 20%～100%。

6.1.4　造成泄漏的主要原因

从人-机系统来考虑造成各种泄漏事故的原因主要有 4 类。

1. 设计失误

1)基础设计错误,如地基下沉,造成容器底部产生裂缝,或设备变形、错位等。

2)选材不当,如强度不够、耐腐蚀性差、规格不符等。

3)布置不合理,如压缩机和输出管没有弹性连接,因振动而使管道破裂。

4)选用机械不合适,如转速过高、耐温、耐压性能差等。

5)选用计测仪器不合适。

6)储罐、储槽未加液位计,反应器未加溢流管或放散管等。

2. 设备原因

1)加工不符合要求,或未经检验擅自采用代用材料。

2)加工质量差,特别是不具有操作证的焊工焊接质量差。

3)施工和安装精度不高,如泵和电机不同轴、机械设备不平衡、管道连接不严密。

4)选用的标准定型产品质量不合格。

5)对安装的设备没有按相关规范进行验收。

6)设备长期使用后未按规定检修期进行检修,或检修质量差造成泄漏。

7)计测仪表未定期校验,造成计量不准。

8)阀门损坏或开关泄漏,又未及时更换。

9)设备附件质量差,或长期使用后材料变质、腐蚀或破裂等。

3. 管理原因

1)没有制定完善的操作规程。

2)对安全漠不关心,已发现的问题不及时解决。

3)没有严格执行监督检查机制。

4)指挥错误,其至违章指挥。

5)让未经培训的人员上岗,知识不足,不能判断错误。

6)检修制度不严,没有及时检修已出现故障的设备,使设备带病运转。

4. 人为失误

1)误操作,违反操作规程。

2)判断失误,如记错阀门位置而开错阀门。

3)擅自脱岗。

4)思想不集中。

5)发现异常现象不知如何处理。

6.2　泄 漏 控 制

6.2.1　泄漏控制的原则

1）无论气体泄漏还是液体泄漏，泄漏量的多少都是决定泄漏后果严重程度的主要因素，而泄漏量又与泄漏时间有关。因此，控制泄漏应该尽早地发现泄漏并且尽快地阻止泄漏。

2）通过人员巡回检查可以发现较严重的泄漏，利用泄漏检测仪器、气体泄漏检测系统可以早期发现各种泄漏。

3）利用停车或关闭遮断阀停止向泄漏处供应料可以控制泄漏。一般来说，与监控系统联锁的自动停车速度快，仪器报警后由人工停车速度较慢，需 3～15 min。

6.2.2　泄漏检测技术

在危险化学品生产和使用的过程中要对泄漏进行有效的治理，就要及时发现泄漏，准确地判断和确定产生泄漏的位置，找到泄漏点。特别是对于容易发生泄漏的部位和场所，通过检测及早发现泄漏的蛛丝马迹，这样就可以采取控制措施，把泄漏消灭在萌芽状态。

实际中，可以凭经验和借助仪器、设备进行泄漏检测。经验法主要针对一些较明显的泄漏，可以通过看、听、闻、摸直接感知发现，这种方法主要是依赖人的敏感性、经验和责任心。而在比较危险的场合，使用泄漏检测仪器能够做到在不中断设备运行的情况下，诊断设备的运行状况，判断故障发生部位、损伤程度、有无泄漏，并能准确地分析产生泄漏的原因。

如热像仪在夜间也能很清楚地发现泄漏异常；超声波、声脉冲、声发射技术，采用高敏的传感器能够捕捉到人耳听不到的泄漏声，经处理后，转换成人耳能够听到的声音，判定是否泄漏并进行定位；在介质中加入易于检测的物质作为示踪剂（如氦气、氩气、臭味剂、燃料等），发生泄漏时可以快速地检测到；光纤传感器检测法根据泄漏物质引起的环境温度变化，对管道进行连续测量，可以判断是否发生了泄漏。

1. 视觉检漏方法

通过视觉来检测泄漏，常用的光学仪器主要有内窥镜、井中电视和红外线检测仪器。对于能见度较低的环境，可用激光发射器——激光笔在照射物上形成光点，易于确定泄漏点的位置。

（1）内窥镜

内窥镜跟医院检查胃病用的胃镜是一样的。1980 年，我国第一次向南太平洋发射的运载火箭的发动机的弯曲导管，就是直接由医院的大夫使用胃镜检查的。在检查深孔、锅炉炉膛、换热器管束、塔器设备内部和焊缝根部的内表面等人进不去、看不见的狭窄位置用内窥镜检测，无须拆卸、破坏和组装，非常方便。

内窥镜由光学纤维制成，是一种精密的光学仪器，在物镜一端有光源，另一端是目镜。使用时，把物镜端伸入要观察的地方，启动光源，调节目镜的焦距，就能清晰地看到内部图像，可发现有无泄漏和准确地判断产生泄漏的原因。

（2）摄像观察

利用伸入管道、设备内部的摄像头及配套电视，人就能直观地探测到内部缺陷。

（3）红外线检测技术

红外线是波长在 0.76～1 000 μm 的电磁波，在电磁波连续频谱中位于无线电波和可见光之间的区域。

自然界的一切物体都辐射红外线，但温度不同的材料辐射强弱也不同。这一自然现象为利用红外线探测技术探测和判别被测目标的温度高低与热场分布提供了技术基础。

红外线检测技术最早用于军事侦察。20 世纪以来，该技术在电力系统和石油化工厂开始得到推广应用。对运行中的设备进行测温、泄漏检测、探伤等，特别是热成像技术，即使在夜间无光的情况下，也能得到设备的热分布图像。根据被测物体各部位的温度差异以及同一部位在不同时期所检测的温度差异，结合设备结构等状况，可以诊断设备的运行状况、有无故障、故障发生部位、损伤程度及引起故障的原因。

红外检测技术常用的设备有红外测温仪、红外热像仪和红外热电视。红外测温仪的外形像支手枪，适用于遥测现场物体的温度，现场使用非常方便。

红外热像仪和热电视能把肉眼看不见的红外线图像转变为可见光图像，但在图像的分辨率和温度的定量分析方面，热像仪比热电视要高一些，价格也贵得多。

由于管道、容器内的介质大都跟周围环境有显著的温差，所以可以通过热像仪检测管道周围温度的变化来判断泄漏，特别是用于肉眼看不见的介质如天然气、高压蒸气的泄漏检测。壳牌石油公司认为，使用热像仪诊断泄漏部位比超声波法快且有效。热像仪在夜间也能很清楚地发现泄漏异常。原油在输送过程中必须保持较高的温度，所以夜间通过热像仪能够很清楚地找到管道，那里是一条亮线。

2. 声音检漏方法

泄漏发生时，流体喷出管道与管壁摩擦、流体穿过漏点时形成湍流以及和空气、土壤等的撞击等都会产生泄漏声波。特别是窄缝泄漏过程中，由于流体在横截面上流速的差异产生压力脉动，因而形成声源。对泄漏声波进行的分析表明，泄漏产生声波的频谱很宽，为数千赫兹至 500 kHz，它跟孔的大小、介质压力等因素都有密切的关系，高压气体的泄漏往往产生刺耳的叫声。

采用高灵敏的声波换能器能够捕捉到泄漏声，并将接收到的信号转换成电信号，经放大、滤波处理后，转换成人耳能够听到的声音，同时在仪表上显示，就可发现泄漏点。

（1）超声波检漏

检漏仪器若是采用宽频带接收，必然受到环境噪声的干扰。比如，风吹动树叶产生的"沙沙"声就和电缆漏气声十分相似，宽带超声检漏仪很难区分这两种信号。

环境噪声大部分在可听声频范围内，即 20～20 kHz。而超声波部分干扰少，容易同低频部分分开，易于被超声波仪器测出。另外，超声波是高频信号，其强度随着离开声源的距离而迅速衰减，很容易被阻隔或遮蔽。因此，超声波方向性很强，从而使泄漏位置的判断相对简单；超声波检漏灵敏度高，定位准确，操作和携带方便。

常见的检漏仪器大都是根据超声波原理，接收频率为 20～100 kHz，能在 15 m 以外发现压力为 35 kPa 的容器上 0.25 mm 的漏孔。探头部分外接类似卫星接收天线的抛物面聚声盘。可以提高接收的灵敏件和方向性；外接塑料软管，可用于弯曲管道的检漏。

（2）无压力系统的泄漏检测

在系统内外没有压差的情况下，可在系统内部放置一个超声波源，使之充满强烈的超声。超声波可从缝隙处泄漏出来，用超声检漏仪探头对设备扫描，寻找漏孔处逸出的超声波，从而找到穿孔点。

（3）声脉冲快速检漏

在管内介质中传播的声波，遇到管壁畸变（如漏洞、裂缝或异物、堵塞等）会产生反射回渡，回波的存在是声脉冲检测的依据。因此，在管道的一端置一个声脉冲发送、接收装置，根据发送相接收到回波的时间差，就可计算出管道缺陷的位置。

实践表明，根据回波信号的极性可判断出缺陷的类别：先下后上者为穿透性缺陷，先上后下者为堵塞。也就是说，缺陷（孔洞）越大，回波信号越大。

（4）声发射

所谓"声发射"检测技术，就是利用容器在高压作用下缺陷扩展时所产生的声音信号来评价材料的性能。

固体材料在外力的作用下发生变形或断裂时，其内部晶格的错位、晶界滑移或者内部裂纹产生和发展，都会释放出声波，这种现象称为声发射现象。其发射的频带从声频直到数兆频。多数金属，特别是钢铁材料，其发射的频带均在超声波范围内。现在主要测取超声波范围，可排除噪声的干扰。

声发射是一种很有希望的检漏技术，已用于压力容器、油罐罐底、阀门、埋地管道等领域

3. 嗅觉检漏方法

由于不同的介质气味各异，嗅觉能够感知、判断泄漏的存在。很多动物的嗅觉比人灵敏的多。比如狗的灵敏度是人的近百万倍，是气相色谱仪的 10 亿倍，常被用来检漏。近年来，以电子技术为基础的气体传感器得到了迅猛的发展和普及。

（1）狗鼻子

加拿大帝国石油资源公司在检测油气泄漏时，在管内注入一种有气味的化学物质，它随泄漏的油气一起排出。利用狗来探测这种气味，检测管道的泄漏情况。经试验，训练一只拉布拉多狗大约需要 14 周，成功率高达 97%，既便宜，又可靠。特别在泥浆深 1.5 m 外加 1.5 m 深水的沼泽地带更有优越性，人无法靠近管道，但是狗在小船上就能闻到泄漏。

（2）可燃性气体检测报警器

对于石油企业中的天然气、液化石油气、煤气、烯类、乙醇、丙酮等常见气体，多用可燃性气体（或有毒气体）检测报警仪监测泄漏。可燃性气体检测报警器俗称"电子鼻"，可以测量空气中各种可燃性气体的含量。当含量达到或超过规定浓度时，报警器发出声光报警信号，提醒人们尽快采取补救措施，是安全生产的重要保证。

（3）有毒气体检测报警器

有毒气体检测报警器能够自动地连续检测空气中有毒气体的浓度，当有毒气体浓度达到一定值时，发出声光报警信号。告诉人们采取措施避免中毒事故发生。

4. 示踪剂检漏方法

为了更加方便、快捷地发现泄漏，人们在介质中加入一种易于检测的化学物质，称为示踪剂。由于使用场合的不同，人们创造了很多种方法，其中使用最早的就是在天然气中加臭氧。目前最常用的示踪剂有氦气、氢气及放射性示踪剂等。

氦气（He）以其在空气中含量低、轻、扩散速度快、无毒、惰性等优点，日益得到普及。氦气用氦质谱仪检漏，这是目前灵敏度最高的检漏仪器，对于密封容器的微量泄漏进行快速定位和定量测量最为有效，在航天、高压容器制造、汽轮机、高压开关等领域发挥着重要作用。

氢气（H_2）也是一种理想的示踪剂。在所有气体中，它密度最轻，黏滞性最小，渗透性最强，也极易被氢气探测仪发现。充气电缆常用氢气检漏，即以氢气（5%）和氯气（95%）的混合气体作为示踪剂，用氢气检漏仪对漏气点进行精确定位。这种气体非常安全，遇明火不燃烧爆炸，查到漏点后能立即进行修复工作，无须等待气体排放完。

中国科学院上海原子核研制所研究成功了一种放射性管内示踪检漏仪，曾于1992年在斯里兰卡的两条输油管道上成功进行了现场示范。

仪器由探测器、传动机械、磁带记录装置和电池组成，全部装在一个铝球内。操作方法：首先配制20 ms示踪液（碘131）泵入管道，如有泄漏，示踪剂即漏出附着在泥土中，然后送入检漏仪。检漏仪记录沿线放射性变化，从而推断泄漏的存在并定位。这种检漏方法简单、灵敏度高，并免去了人力巡检。

5. 试压过程中的泄漏检测

打压试验是管道检漏的有效方法。将水管压力逐步提高到承压极限的60%～90%，最好选择阴天或无月光的晚上，然后开着汽车灯、亮着大灯，沿管道行走。一般来说，有暗漏的地方会变成明漏，漏点上方水雾、尘土飞扬，非常容易发现。这种方法不需要仪器和专业人员，定位准确，简单有效。

压力试验必须建立的标准是"可接受的泄漏速度"。实际上，由于外界温度变化等多种因素均可带来压力变化。英国石油学会推荐，把管道正常工作压力下管段容量为1 m^3时泄漏量为0.05 L/h作为可接受的泄漏速度的上限。

（1）水泡法

水泡法又分外涂肥皂水和沉水检漏两种，这是古老而又常用的方法，比较简单、直观。目前一般在装置开车前气密性试验中仍沿用这种方法。其缺点是灵敏度低、劳动强度大。

1）肥皂水法：用压风机向系统打入空气后，在焊缝、结合部位等可能泄漏处涂以肥皂水（质量分数为10%），观察是否冒泡。

2）沉水检测：将气瓶等容积不大的容器在规定的试验压力下放入水中，观察有无气泡出现，判断严密性。

（2）化学指示剂检测

常用的化学指示剂是氨和二氧化硫。氨和二氧化硫通常都是不可见的气体，但是当两者化合时，就产生白色蒸气，易于辨别和检查。在打压的空气中加入1%的氨气，在容器外壁焊缝等可疑部位贴上经处理过的纸条或绷带，观察是否变色。一般使用5%的硝酸汞水溶液或酚酞试剂浸渍纸条（或绷带）。如有泄漏，前者会在纸条上呈现黑色，后者则为红色斑点。

化学指示剂对压力部件的铸件检查很有用。当水压试验仅能产生一点儿渗漏、但探测不到缺陷时，效果很好，特别是对于复杂的压缩机部件中心部分的开孔和通道的检查，用其他所有类型的检测方法均难以进行且不可靠，唯独用化学指示剂方法既可行又可靠。

（3）着色渗透检漏

着色渗透检测经常用来检测非磁性材料表面缺陷，也可以用来探测容器中的泄漏。这是一种简单方便而又十分有效的检查手段。

（4）水压试验中的异常情况处理

在耐压试验中，压力表指针来回不停地跳动，大多是因容器内部有气体所致，应卸压将气体排尽，再做试验；加压时压力表指针不上升（甚至下跌），则可能材料已屈服；突然听到异常声响，压力表指针又迅速下落，大多是发生泄漏（若焊缝破裂，容器应报废或返修）容器表面油漆脱落，可能局部明显变形。当遇到上述情况时，应停止升压，查明原因后分别处理。

6.2.3 泄漏的预防

泄漏治理的关键是要坚持预防为主，采取积极的预防措施，有计划地对装置进行防护、检修、改造和更新，变事后堵漏为事前预防，可以有效地减少泄漏的发生，减轻其危害。

1. 提高认识，加强管理

1）从思想上要树立"预防泄漏就等于提高效益"的认识。

2）完善管理、按章行事，这是防止泄漏的重要措施。

事实上，各种物质的泄漏根本原因都是管理上出问题。制定一套完善的管理措施是非常必要的，如巡回检查制。强化劳动纪律，经常对人员进行业务培训和职业教育，提高技术素质和责任感。人员要熟悉作业流程和设备，了解、掌握泄漏产生的原因和条件，才能做到心中有数，及早采取措施，减少泄漏发生。

3）要加强立法，以提高管理者的责任。美国联邦法律规定，化工产品储罐必须设置二次封闭。

除此之外，还必须依靠多种技术措施，进行综合治理。

2. 可靠性设计

（1）紧缩操作过程

可靠性理论告诉我们，环节越多，可靠性越差。

（2）系统密闭化

各种物料流动和处理过程应该全部密闭在管道、容器内部。

（3）正确选择材料和材料保护措施

材料选用的正确与否，直接关系到设计的成败。材质要与使用的温度、压力、腐蚀性等条件相适应，能够满足耐高温、强腐蚀等苛刻条件。不能适应的要采取防腐蚀、防磨损等保护措施。设计时要依据适当的设计标准，根据工艺条件和储存介质的特性，正确选择材料材质、结构、连接方式、密封装置等，落实可靠的措施；按设计标准选用符合要求的材料，做好质量抽样检查，对代用材料，一定要由设计单位重新核算，严禁使用低等级代替高等级材料；控制好设备的现场制作、安装过程质量关，选择有资质的施工单位按规范施工，加强施工过程的管理。出现缺陷立即整改，确保设备、管线的质量符合要求。

（4）冗余设计

为了提高可靠性，应提高设防标准，要提倡合理的多用钢材。比如在强腐蚀环境中，壁厚一般都设计有一定的腐蚀裕量，重要的场合可使用双层壁。

（5）降额使用

对设备设施最大额定值的降额使用是提高可靠性的重要措施。设施的各项技术指标（特别是工作压力）是指最大额定值，在任何情况下都不能超过，即使是瞬时的超过也不允许。要综合考虑异常情况、异常反应、操作失误、杂质混入以及静电、雷击等引起的后果。比如要重视防震设计。

（6）合理的结构形式

结构形式是设计的核心，是由多种因素决定的。为了避免零件的磨损，要有一个润滑系统，进而为了防止润滑油泄漏，尽量使用固体润滑剂。为避免设备和管道冻裂，必须采取保温、伴热等措施。

正确地选择连接方法，并尽量减少连接部位。由于焊接在强度和密封性能上效果较好，应尽量采用焊接。

压力管道尽量采用无缝钢管，且宜采用焊接，但由于直径＜25mm 的管道焊接强度不佳，且易使焊渣落入管内引起管道堵塞，应采取承插管件连接，或采用锥管螺纹连接。对于强腐蚀性尤其是含 HF 等介质的易产生缝隙腐蚀的管道，不得在螺纹处施以密封焊，否则一旦泄漏，后果不堪设想。要考虑振动和热应力的影响，对于容易产生应力载荷的部位，应采取减振、热胀补偿等消除应力的措施，防止焊缝破裂或连接处破坏而造成泄漏。

如果泵输送的介质温度达到自燃点以上，应能遥控切断泵。

（7）正确地选择密封装置

密封结构设计应合理，采用先进的密封技术，如机械密封、柔性石墨、液体密封胶，改进落后的、不完善的密封结构。正确选择密封垫圈，在高温、高压和强腐蚀性介质中，宜采用聚四氟乙烯材料或金属垫圈。如果填料密封达不到要求，可加水封和油封。许多泵改成端面机械密封后，效果较好，应优先选用。

（8）变动密封

变动密封为静密封，也是密封技术的突破。如泵和原动机之间，使用磁力传动，取消密封结构，这种密封传动称为封闭型传动。还有封闭型谐波齿轮传动、曲轴波纹管传动等，但是主要的还是磁力传动。

磁力传动由内磁转子、密封隔套、外磁转子等零件组成，如同电动机的定子与转子之间被一层隔套隔开。当外磁转子受到外力作用而旋转时，内磁转子就在磁场的带动下随着外磁转子一起转动。

（9）设计应方便使用维修

设计时应考虑装配、操作、维修、检查的方便，同时也有利于处理应急事故和及时堵漏。开关应设在便于操作处。阀门尽量设在一起，空中阀门应设置平台，以便操作。有密封装置的部位，特别是动密封部位，要留有足够的空间，以便更换和堵漏。法兰和压盖螺栓应便于安装和拆卸，空间位置不能太小；对于容易出现泄漏以及重要的部位和设备，应设副线备用容器和设备。

（10）做好耐压试验、气压试验和探伤

新设备投用前要严格按照规程做好耐压试验、气压试验和探伤，严防有隐患的设施投入使用。

3. 日常维护措施

设备状况不良常常是引发泄漏事故的直接原因，因此及时检修是非常重要的。设备在开始和检修使用前，必须进行气密性检测，确保系统无泄漏。

设备交付投用后，必须正确使用与维护。要经常进行设备检查、保养、维修、更换，及时发现并整改隐患,以保证系统处于良好的工作状态。如发现配件等破损要及时维修、更换,及时紧固松弛的法兰螺丝。要严格按规程操作,不得超温、超压、超振动、超位移、超负荷使用,控制正常使用的操作条件,减少人为操作所导致的泄漏事故;必须定期对设备进行全面检修,更换改进零部件、密封件,消除泄漏隐患。严格执行设备维护保养制度,认真做好润滑、巡检等工作,做到运转设备振动不超标,密封点无漏气、漏液。出现故障时,要及时发现,及时按维护检修规程维修,及时消除缺陷,防止问题、故障及后果扩大。如果设备老化、技术落后,泄漏此起彼伏,就应该对其更新换代,从根本上解决泄漏问题。加强管理,强化全员参与意识,树立预防泄漏就等于提高经济效益的思想,完善各项管理制度和操作规程;加强人员业务培训,提高人员操作技能。

4. 设备监测

把好设备监测关,实现泄漏的超前预防。泄漏事故的发生往往跟设备状况不良有直接的关系。利用有关仪器对操作装置进行定期检测和在线检测,分析并预测发展趋势。提前预测和发现问题,在泄漏发生之前对设备、管线进行维修,及时消除事故隐患,使检修有的放矢,避免失修或过剩维修,减少突发性泄漏事故的发生,提高经济效益。还可以通过常规的无损检测技术与超声波、涡流、渗透、磁粉、射线和红外热成像、声发射、全息照相等监测技术,使状态监测与故障诊断更加准确、快速。

5. 规范操作

控制正常作业操作条件,如压力、温度、流量、液位等。防止出现操作失误和违章操作,减少人为操作所致的泄漏事故。

6. 控制泄漏发生后损失的措施

1)装设泄漏报警仪表,如可燃气体报警器、火灾报警器等。

2)将泄漏事故与安全装置联锁,应采用自动停车、自动排放、自动切除电源等安全联锁自控技术。

3)采用控制装置。当设备和管道断裂、操作失误以致发生泄漏等特殊情况时,为防止介质大量外泄引起着火、爆炸而应设置停车、紧急切断物料的安全装置。

4)设立泄漏物收集装置。

5)采用泄漏防火、防爆装置。可采用自动喷淋水的洒水装置,可形成水幕,将系统隔离,控制气体扩散方向;用蒸气、惰性气体(氯气)吹扫流程,置换、吹散、稀释油气;采用消防泡沫灭火设施等。

6.2.4　泄漏应急处理

1. 泄漏应急处理关键环节

泄漏发生后,如果能及时发现,采取迅速、有效的应急处理方法,可以把事故消灭在萌芽状态。应对泄漏的处理方法,关键是以下三个环节。

1)及时找出泄漏点,控制危险源。危险源控制可从两方面进行,即工艺应急控制和工程应急控制。工艺应急主要措施有切断相关设备(设施)或加注进料,撤压、物料转移,喷淋降温,紧急停工,惰性气体保护,泄漏危险物的中和、稀释等。工程应急主要措施有设备、设施的抢修,带压堵漏,泄漏危险物的引流、堵截等。

2）抢救中毒、受伤和解救受困人员。这一环节是应急救援过程的重要任务。主要任务是将中毒、受伤和受困人员从危险区域转移至安全地带，进行现场急救或转送到医院进行救治。

3）泄漏物的处置。现场物料泄漏时，要及时进行覆盖、收容、稀释处理，防止二次事故的发生。从许多起事故处理经验来看，这一环节如不能有效地进行，将会使事故影响大大增加。对泄漏控制或处理不当，可能会失去处理事故的最佳时机，使泄漏转化为火灾、爆炸、中毒等更大的恶性事故。

制定有效的应急预案，泄漏发生后，根据具体情况，进行有效的救援，控制泄漏，努力避免处理过程中发生伤亡、中毒事故，把损失降到最低程度。

应急情况，就是泄漏发生 1h 内可危及生命的情况。应急是指当事故发生时，无论其原因如何，都要采用的一种措施。

几乎所有事故都是在很短的时间内酿成的，时间成为最大限度减少损失的标志之一，所以，应急是关键。在泄漏发生期间，做到早发现、早动作，把事故扼制于萌芽状态，不仅损失小，处理难度也小。

2．泄漏应急管理与措施

对于泄漏灾害应该以人的生命和能力为中心，人们首要的是保护自己的生命，在采取严格的保护措施以后，再去抢险。

3．泄漏事故抢险指挥

指挥是抢险获得成功的关键，而抢险指挥是相当复杂、危险的。

（1）对指挥员的要求

作为指挥员，一定要做到知己知彼。既要熟悉操作规程、物料物理化学性质、火灾特点、具体处置的对策，又要掌握自己的抢险水平和装备技术。只有对安全、事故处理设施情况了然于心，才能在事故处理中充分发挥它们的作用，达到控制泄漏、扑灭火灾、防止爆炸、减少损失与伤亡的目的。

指挥员要善于在极短的时间内对事故变化做出反应，随着火情的变化发展，快速做出判断和决策，适时指挥，掌握主动。

由于火场情况错综复杂、千变万化，不容许指挥有迟疑或指挥连续性上有间断，否则就可能带来灾难性后果。特别是大型火灾，高温浓烟，给人以惊慌、恐惧、紧张、忙乱和威胁之感。例如，大型液体推进剂储罐发生大面积撕裂，强烈燃烧，火焰对其他储罐威胁极大，自身也随时都有可能爆炸。此时是进是退，往往意见不一。在关键时刻，指挥员应该果断、大胆地捕捉和创造战机，有序协调行动。

（2）充分利用技术手段和消防手段协同处理火灾

要调动岗位技术人员与消防队员一道，分工合作，一边实施技术手段措施（如降温、降压、关阀、断流、导流、倒灌、放空、停车、输入惰性气体等），一边运用消防手段协同作战。

（3）战术上一般采取先控制、后消灭的策略

首先控制泄漏、火势的蔓延，然后制止泄漏、消灭火灾。

（4）当出现以下情况时，应立即下令撤退

1）在易燃易爆原料储罐火灾扑救中，风向突变，直接威胁到邻近设备，必须调整部署时；出现火焰突然变白增亮，罐体发生颤动，并发出"嘶嘶"声等爆炸前兆时。

2）供水突然中断，不能立即恢复供水，即将发生重大险情时。

3)抢险队员个人防护装备发生故障,又不能马上排除时。

撤退时应有开花或喷雾水流掩护,应从上风向或侧风方向撤离。

习题与思考题

6-1 危险化学品常见的泄漏源有哪些?

6-2 危险化学品易发生泄漏的设备主要有哪几类?

6-3 造成泄漏的主要原因有哪些?

6-4 预防泄漏的技术措施有哪些?

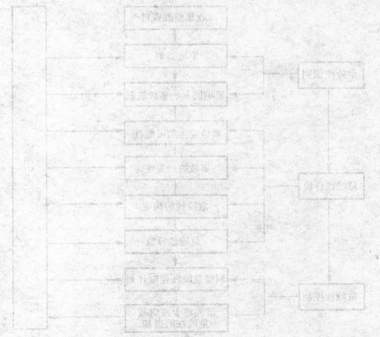

第7章　液体推进剂安全技术

7.1　液体推进剂安全评估技术

根据国家标准《危险化学品重大危险源辨识》(GB 18218—2009)规定,重大危险源是指长期或临时生产、加工、使用或储存危险化学品,且危险化学品的数量等于或超过临界量的单元。单元指一个(套)生产装置、设施或场所,或同属一个单位的且边缘距离小于500 m的几个(套)生产装置、设施或场所。

根据液体推进剂贮存量大、贮存周期长、易燃易爆、有毒等特点,结合重大危险源的辨识标准,将液体推进剂定性为重大危险源。为防止液体推进剂重大事故的发生,降低事故损失,必须对其危险性进行分析评价。

7.1.1　液体推进剂危险性评价程序

危险性评价主要包括下列步骤:资料收集整理;危险危害因素辨识与分析;危险性评价过程;提出降低或控制危险的安全对策措施。

液体推进剂危险性评价的一般程序如图7-1所示。

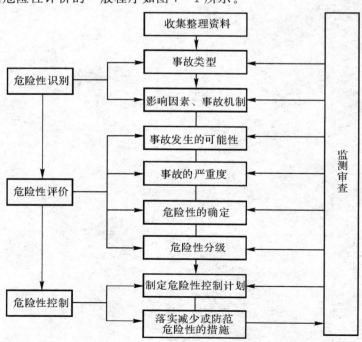

图7-1　液体推进剂危险性评价的一般程序

7.1.2　液体推进剂危险性评价方法

在大量重大事故资料的统计分析基础上,从推进剂危险性、作业流程危险性入手,分析重大事故发生的可能性大小及事故的影响范围、伤亡人数、经济损失。综合评价液体推进剂的危险性,并提出相应的预防、控制措施。

1. 评价单元的划分

液体推进剂危险性评价以危险单元作为评价对象。一般把装备的一个独立部分称为单元,并以此来划分单元,每个单元都有一定的功能特点。

2. 评价模型的层次结构

根据安全工程学的一般原理,危险性定义为事故频率与事故后果严重程度的乘积。现实的危险性既取决于特定物质的危险性和特定工艺过程危险性所决定的生产单元固有的危险性,也同各种人为管理因素及防灾措施综合效果有密切关系。

3. 数学模型

危险性评价的数学模型为

$$A = \left\{ \sum_{i=1}^{n} \sum_{j=1}^{m} B_i W_{ij} B_j \right\} \times B_{12} \times \prod_{k=1}^{3} (1 - B_{2k}) \qquad (7-1)$$

式中　A—— 现实危险性;

B_i—— 第 i 种物质危险性的评价值;

B_j—— 第 j 种工艺过程危险性的评价值;

W_{ij}—— 第 j 种工艺与第 i 种物质危险性的相关系数;

B_{12}—— 事故严重程度评价值;

B_{21}—— 工艺、设备、容器、建筑结构抵消因子;

B_{22}—— 人员素质抵消因子;

B_{23}—— 安全管理抵消因子。

4. 危险物质事故易发性 B_i 的评价

具有燃烧爆炸性质的危险物质分为七大类:① 爆炸性物质;② 气体燃烧性物质;③ 液体燃烧性物质;④ 固体燃烧性物质;⑤ 自燃物质;⑥ 遇水易燃物质;⑦ 氧化性物质。

每类物质根据其总体危险感度给出其权重分;每种物质根据其与反应感度有关的理化参数值给出状态分;每一大类物质下面分若干小类,共 19 个子类。对于每一大类或子类,分别给出状态分的评价标准。权重分与状态分的乘积即为该类物质危险感度的评价值,亦即危险物质事故易发性的评分值。物质危险性的最大分值定为 100 分。

5. 工艺过程事故易发性 B_j 的评价及工艺

工艺过程事故易发性的影响因素确定为 21 项,分别是:放热反应、吸热反应、物理处理、物料贮存、操作方式、粉尘生成、低温条件、高温条件、高压条件、特殊操作条件、腐蚀、泄漏、设备因素、密闭单元、工艺布置、明火、摩擦与冲击、高温体、电器火花、静电、毒物出料及输送。最后一种工艺因素仅与含毒性物质有相关关系。

同一种工艺条件对于不同类别的危险物质所体现的危险程度是不相同的,因此必须确定相关系数。相关系数 W_{ij} 分别分为以下五级:

A 级:关系密切,$W_{ij}=0.9$;

B 级:关系大,$W_{ij}=0.7$;

C 级:关系一般,$W_{ij}=0.5$;

D 级:关系小,$W_{ij}=0.2$;

E 级:没有关系,$W_{ij}=0$;

6. 事故严重程度评价

为对各种不同类别的危险物质可能出现的事故严重程度进行评价,根据下面两个原则建立物质子类别同事故形态之间的对应关系,每一种事故形态用一种伤害模型来描述。

1) 最大危险原则:如果一种危险物质具有多种事故形态,它们的事故后果相差很大,则按后果最严重的事故形态考虑。

2) 概率求和原则:如果一种危险物质具有多种事故形态,它们的事故后果相差不大,则按统计平均原理估计事故后果。

根据泄漏物的状态、储罐压力及泄漏方式可建立毒物扩散伤害模型,这些模型有源抬升模型、气体泄放速度模型、高斯烟羽模型、烟团模型、烟团积分模型、闪蒸模型、绝热扩散模型和重气扩散模型。毒物泄露伤害严重程度与毒物量及环境大气参数(温度、湿度、风向、风力、大气稳定度等)都有密切关系。若在测算中遇到事先评价所无法定量遇见的条件时,则按较严重的条件进行评估。当一种物质既有燃爆特性又具有毒性时,则人员伤亡按两者中较重的情况进行测算,财产损失按燃烧燃爆伤害模型进行测算。毒物泄漏伤害区分死亡区、重伤区、轻伤区。轻度中毒而无须住院治疗即可在短时间内康复的一般吸入反应不算轻伤。

评价方法使用的折算公式如下:

$$S = C + 20(N_1 + 0.5N_2 + 105/6\,000N_3) \tag{7-2}$$

式中　　　S——事故严重程度;

C——事故中财产损失的评估值;

N_1,N_2,N_3——事故中人员死亡、重伤、轻伤人数的评估值。

7. 危险性抵消因子

虽然单元的固有危险性是由物质的危险性和工艺的危险性所决定的,但工艺、设备、容器、建筑结构上的用于防范和减轻事故后果的各种设施,危险岗位上操作人员的高素质,严格的安全管理制度,均能大大抵消单元内的现实危险性。

大量统计数据表明,设备故障、人的误操作和安全管理上的缺陷是引发事故发生的三大原因。对设备危险进行有效监控,提高操作人员基本素质,提高安全管理的有效性,能大大抑制事故的发生。上述三种因素在许多情况下并不相互独立,而是耦合在一起发生作用的,如果只控制其中一种或两种,是不可能完全杜绝事故发生的;甚至当上述三种因素都得到充分控制以后,只要有固有危险原因以外的原因(自然灾害或其他单元事故牵连)存在,事故仍可能发生。因此,一种因素在控制事故发生中的作用是与另外两种因素的受控程度密切相关的。每种因素都是当其他两种因素控制得越好时,发挥出来的控制效率越高。根据统计资料,用条件概率方法和模糊数学隶属度算法,给出各种控制因素的最大事故抵消率关联算法以及综合抵消因子的算法。

7.2 液体推进剂安全保障技术

为预防液体推进剂在生产、运输、加注、转注等各个作业环节中事故的发生,既要加强安全管理,提高操作人员的职业素质,同时又离不开安全技术的保障。在这三个方面中,安全保障技术是解决液体推进剂安全作业的立足之本。

在液体推进剂各项作业活动中,存在一些不安全或危险的因素,威胁操作人员的身体健康和生命安全,同时也会导致各种事故的发生。为预防、消除事故的发生而采取的各种保障技术措施和组织措施的综合,称为液体推进剂安全保障技术。

液体推进剂安全保障技术的主要内容有:

1)防火防爆技术;

2)防毒技术;

3)特种作业过程安全技术;

4)电气安全技术

5)压力容器安全技术。

7.2.1 液体推进剂防火防爆技术

液体推进剂的最大危险是着火与爆炸,因此,防火防爆技术是液体推进剂最为重要的安全保障技术。

液体推进剂防火防爆技术概括起来就是预防为主,层层设防,防治结合。具体包括:防止泄漏及泄漏后防止达到可燃浓度;防止点火源;防止氧化剂与燃烧剂相遇;加强系统安全与保险控制,一旦发生着火爆炸事故,应尽力限制其蔓延扩散。

1. 液体推进剂燃烧性能

(1)闪点

偏二甲肼的闭杯法闪点为 1.1℃,属于甲 A 类易燃液体。肼的开杯法闪点为 52℃,闭杯法闪点为 38℃,属于高闪点易燃液体。甲基肼的开杯法闪点为 21.5℃,属于甲 B 类易燃液体。DT-3 的开杯法闪点为 61℃,属于高闪点类可燃液体。对于这些肼类燃料,在贮存和使用过程中都应严禁明火和电火花。

(2)自燃温度

偏二甲肼的自燃温度在玻璃容器中为 249℃,在不锈钢容器中为 240℃。偏二甲肼的自燃温度随压力的增大而显著降低。偏二甲肼的自动分解温度为 397℃,自动分解着火温度为 649℃。肼在不同材料和不同气体介质中的自燃温度有很大差异,见表 7-1。

(3)可燃极限(爆炸极限)

偏二甲肼的可燃浓度极限体积分数为 2.5%~78.5%,可燃温度极限为 -10.5~57.5℃。肼的可燃浓度(体积分数)极限很宽,为 9.3%~100%,其相应的可燃温度极限为 53~113℃。

(4)与硝基氧化剂接触

大量偏二甲肼与硝基氧化剂接触时,可由燃烧转为爆炸。少量的偏二甲肼与硝基氧化剂接触时,可发生爆燃。偏二甲肼用水按体积分数 1∶1 稀释后,再加入硝基氧化剂仍能着火。肼泄漏遇浸渍过氧化剂的干草或木屑、铁锈、氧化钴、氧化锰、氧化钼、氧化镍、高锰酸钾、重铬酸钾、封口胶、石棉等时,立即发生着火。

硝基氧化剂包括红烟硝酸、四氧化二氮及绿色四氧化二氮等,它们在常温下很稳定,对冲击、压缩、振动、摩擦等均不敏感。硝基氧化剂能使木材、沥青、纸张、棉布、干草、毛皮等固体有机物硝化,使之变质,甚至起火。硝基氧化剂蒸气与液体燃料或其蒸气相遇会自燃。

表 7-1　肼在不同材料和不同气体中的自燃温度

材　料	自燃温度/℃	
	空　气	氮　气
玻璃	266	526
不锈钢	142	441
铁锈(粉末)	25	60

2. 防止达到可燃浓度

液体推进剂一旦发生泄漏,首要的就是防止推进剂液体和蒸气达到可燃浓度,即使遇到点火源,也不会发生着火爆炸。

(1)通风

凡液体推进剂贮存、操作场所,均应通风良好,不使空气中的推进剂蒸气浓度达到或超过可燃浓度。如偏二甲肼在空气中的蒸气浓度应小于 2.5%。

(2)稀释

液体推进剂泄漏后的稀释必须及时,使之不能燃烧。如偏二甲肼用水稀释一倍后,液体遇火不会燃烧,但与液体硝基氧化剂接触则能燃烧;反之,泄漏后的硝基氧化剂用水稀释一倍后再与液体偏二甲肼相遇发生剧烈反应,放出大量白色烟雾,但不能燃烧。因此,不论是燃烧剂还是氧化剂,泄漏后须迅速用水稀释。

(3)惰性气体保护

氮气是空气中的主要成分之一,其化学活性差,可用于液体推进剂挤压转注的动力,也可用于肼类燃料贮罐、管道的保护性气体,使贮罐、管道内含肼类蒸气的气相空间的混合气体不具有燃烧性。

(4)中和

对泄漏的液体推进剂,若数量较大,必须用水稀释;但对少量推进剂的泄漏,可用中和方法处理。为消除肼类燃料的臭味,除了及时冲洗、中和外,还应用 0.5% 的醋酸水溶液中和擦洗被污染的地面。

3. 点火源的控制技术

液体推进剂在通常条件下不会发生着火和爆炸,只有在一定的外界条件下才可能引起着火和爆炸,这些外界条件包括热、明火或电火花、机械作用、冲击波、辐射作用和化学能等点火源。因此通过控制点火源以达到防火防爆的目的。

(1)明火

液体推进剂贮存、操作场所严禁吸烟,严禁明火取暖和动火焊接,不得用蜡烛或普通电灯照明。

（2）电火源

肼类燃料、液氢等燃烧剂系统的贮罐间、泵间等有着火爆炸危险的场所,其各类电机、照明灯具、插座、开关等电气设备必须防爆;电气线路设计中考虑过电、漏电、短路等保护措施。

（3）摩擦与撞击

有着火爆炸危险的场所,人员不准穿戴钉鞋;使用的检修、敲击工具等不得产生火花;搬运装有易燃肼类等燃料的小桶、小罐时,不准拖拉、震荡,防止互相撞击;地面及储罐、泵等表面应为不发火材料;泵机组、电动阀门等运转部分应保持润滑,防止因摩擦温度升高或产生电火花。

（4）静电火花

液体推进剂液体、蒸气在贮罐、管道内流动时,在湍流冲击和热运动作用下,部分带电荷的液体分子进入液体内部,与罐壁、管道壁的摩擦能产生高电位静电,当达到一定电位,又不能及时导走时,其产生的静电放电火花可引起肼类燃料、液氢等燃烧剂液体或蒸气的着火爆炸。

消除静电的基本途径:通过控制推进剂流速、改善罐壁及管道壁状态、防止液体喷溅、过滤杂质等手段防止静电的产生;肼类燃料、液氢等燃烧剂的容器、管道、泵机组等必须有可靠的接地系统,并保持静电接地线路畅通以及时导走静电;采用中和电荷法,利用极性相反的离子或电荷来中和消除静电。

（5）高温表面

液体推进剂系统中高温表面要注意缠绕供热保温材料,工作时注意隔热保温,并及时喷水消防冷却。

（6）其他火源

严禁泄漏的肼类燃料与硝基氧化剂、高锰酸钾、强氧化性金属氧化物等氧化剂接触。

（7）防止氧化剂与燃烧剂相遇

发生液体推进剂泄漏后,除采取上述措施外,还有一点十分重要,就是不使泄漏后的推进剂和与之接触有着火爆炸危险的物质相遇,尤其是考虑当氧化剂与燃烧剂同时泄漏时,尽量不使二者接触。

1）氧化剂贮库与燃烧剂贮库尽量远离,两库口的距离一般不小于 100 m。

2）氧化剂贮库与燃烧剂贮库之间设钢筋混凝土隔离墙。

3）严格操作和管理。尤其是氧化剂与燃烧剂一同加注时,要严格检查加注前系统的气密性。

4. 灭火

液体推进剂着火需同时满足三个条件:有可燃物、助燃物和着火源。在通常液体推进剂着火爆炸事故中,燃烧剂及其蒸气是重要的可燃物质。空气中的氧在大气环境中无处不在,其供应无法限制,但作为助燃物的氧化剂则可以设法控制。当发生火灾时着火部分的燃烧体可作为高温火源进一步向四周延烧,使得尚未着火的可燃物质因接受其热量达到燃点以上的温度,使火势蔓延扩大。

液体推进剂着火时,有 4 种灭火方法。

1）冷却法。降低着火物质的温度,使其降到自燃点以下,消除火源,使燃烧减缓,直至火焰熄灭。

2）隔离法。切断可燃物质的供给,移去可燃物,将正在燃烧的物质与未燃烧的物质隔离,使火源孤立,火势不能蔓延,直至火焰熄灭。

3)窒息法。即隔绝空气。

4)抑制法。将灭火剂喷入燃烧区域,形成阻隔层,产生惰性游离基,中断燃烧的连锁反应而灭火。

最重要、最有效和最根本的灭火方法是冷却法和隔离法。

7.2.2 液体推进剂防毒技术

液体推进剂防毒技术的根本是防止推进剂泄漏造成的人员伤害。一旦发生推进剂泄漏,必须立即采取多种措施综合的防毒技术减少其危害,降低人员中毒风险,同时完善安全监测报警设备,提高操作人员的个体防护能力。

1. 液体推进剂毒理性能

(1)中毒途径及毒性作用

1)中毒途径。液体推进剂进入人体引起中毒有三条途径:一是吸入推进剂蒸气,这是职业中毒的主要途径;二是皮肤沾染推进剂,通过渗透作用引起吸收中毒;三是误服或喷溅吞入推进剂,通过消化道引起中毒,这是偶尔发生的中毒事故。

2)毒性作用。偏二甲肼和甲基肼对中枢神经系统具有兴奋作用;偏二甲肼和甲基肼中毒不损伤肝脏,肼能损伤肝脏;甲基肼中毒能引起可逆性溶血性贫血,肼和偏二甲肼的溶血性作用比甲基肼弱;肼和甲基肼中毒可引起肾损伤,偏二甲肼对肾无明显影响;偏二甲肼、甲基肼、肼对心血管循环系统机能无特异影响;高浓度偏二甲肼、甲基肼、肼蒸气对眼、呼吸道有刺激作用,肼蒸气刺激作用更明显;偏二甲肼、甲基肼、肼对动物有致癌作用,其中偏二甲肼和肼是人体可能致癌物。

硝基氧化剂主要通过呼吸道吸入中毒,它损伤呼吸道,引起肺水肿和化学损伤性肺炎。

(2)毒性评价指标

毒性评价指标主要是半数致死剂量(LD_{50})、半数致死浓度(LC_{50})、半数死亡时间(LT_{50})和危险指数(HI)等。几种液体推进剂动物急性中毒指标列于表 7-2。

表 7-2 几种液体推进剂动物急性中毒指标

推进剂	$LD_{50}/(mg \cdot kg^{-1})$	$LC_{50}/10^{-6}$	LT_{50}/s	HI
肼	60	570	166	33
偏二甲肼	122	252	66	819
红烟硝酸		119		3001
过氧化氢		307(8h 不死)		
硝酸异丙酯	5000~7000	>7134		

表中 LD_{50} 为大白鼠灌胃指标,其值越小,毒性越小;LC_{50} 为大白鼠吸入 4h 指标,其值越小,中毒危险性越大;LT_{50} 为小白鼠吸入 30℃饱和蒸气指标,其值越小,中毒危险性越大;HI 定义为 25℃饱和蒸气浓度被 LC_{50} 除所得之值,其值越大,中毒危险性越大。

2. 安全监测报警技术

液体推进剂毒性较大,是潜在致癌物质,且易燃易爆,在其生产、贮存、运输、加注、维修及发射试验等过程中,由于跑、冒、滴、漏以及突发事故等原因极易造成人员中毒甚至着火、爆炸事故,同时也会对大气、水体、土壤和植被等环境介质造成污染。因此,对作业环境中推进剂气体浓度进行现场在线监测,对于保障操作人员健康,防止事故发生,控制环境污染,保证火箭发射的顺利进行具有重要意义。

液体推进剂气体监测方法有多种,如化学分析法、仪器分析法、检测管法、传感器法、固体吸附法/分光光度法等。其中化学分析法、仪器分析法等操作复杂,且不能实现在线监测。目前能用于在线监测的多是传感器法,传感器检测技术具有选择性强,灵敏度高、误差小、检测快速及可连续在线检测等优点,可应用于作业现场推进剂气体浓度实时连续监测。结合仪表、计算机及其网络测控系统可组成推进剂气体监测系统。

(1)推进剂气体检测仪

常见的气体检测仪主要有半导体式、电化学式和电解池式3种。采用电化学式传感器的毒气检测仪是目前使用最为广泛的一种。电化学式传感器毒气检测仪主要利用氧化还原反应,通过不同的电解质可检测几十种有毒气体。根据电解质的质量,其寿命一般为2～4年。

图 7 - 2　TX2000 型便携式
毒气检测仪

目前用于推进剂气体检测的主要是电化学式气体检测仪。根据泄漏推进剂气体的浓度,可分为便携式气体检测仪和复合气体检测仪。

常用的便携式气体检测仪是 TX2000 型毒气检测仪,如图7-2 所示。可用于检测石油、石化、煤炭、化工、交通隧道及其它存在有毒有害气体的场所。便携式气体检测仪的每一种电化学传感器对应一种毒气或氧气,具体参数见表 7 - 3。

表 7 - 3　TX2000 型便携式毒气检测仪技术参数

测量范围	0～1 ppm(DMH),0～10 ppm(NO₂)
测量精度	0.1 ppm(DMH),0.1 ppm(NO₂)
一级报警阈值	0.2 ppm(DMH),3 ppm(NO₂)
一级报警阈值	0.5 ppm(DMH),5 ppm(NO₂)
测量方法	连续的
模式	清晰显示当前读数
显示屏	液晶 3 位半显示
传感器故障	持续声光报警
电池故障	持续声光报警
正常运行	每 30 s 发出安全提示声音
报警	两级声光报警
声音报警	蜂鸣器,距 30 cm 处 80 dB
其他功能	3 键操作,开机自检
电源	3 节 1.5V 干电池
寿命	1 500 h

续 表

保护等级	IP66
重量	95 g
尺寸	60W×87H×25D MM

常用的复合气体检测仪是 MX2100 型毒气检测仪（见图 7-3）主要适用于安全人员的日常检查与分析工作。MX2100 型复合毒气检测仪共有 4 个传感器位置，其中 1 个是可燃气体传感器专用位置，另外 3 个可根据需要从 20 多种毒气或氧气传感器中任一选择，可同时进行 5 种气体的测定。仪表自动识别传感器，更换传感器后无须标定和调试即可正常使用，可与计算机连接进行检测分析和维护。MX2100 型复合毒气检测仪小巧轻便、操作简单、安全性和可靠性好、集多种功能于一身，是较先进的毒气检测仪。技术参数见表 7-4。

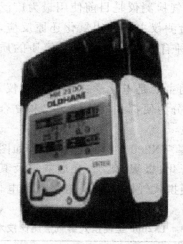

图 7-3 MX2100 型复合毒气检测仪

表 7-4 MX2100 型复合毒气检测仪仪技术参数

测量范围	0～100 ppm(DMH)，0～100 ppm(NO₂)
测量精度	1 ppm(DMH)，0.1 ppm(NO₂)
重现性	1%
漂移	0.5%
使用温度范围	−20～ +50 ℃
配置	1～4 个传感器(可燃气、电化学、半导体、红外(CO₂)或热导型的)
测量方法	连续的
传感器	智能的，预标定的，可互换的
显示屏	液晶显示，自动可擦除显示屏
传感器故障	指示灯显示，持续声光报警
电池故障	持续声光报警
操作检查	需要时自动标定，工作自检，每 2 min 声光信号

续　表

报警	两级声光报警
输出	红外 RS232 输出，PC 机上维护和管理，EXCEL 资料
软件	COM2100 软件
电源	3 节 1.5V 干电池
充电时间	3 h
保护等级	IP66
重量	350 g
尺寸	110W×80H×45D MM

（2）使用注意事项

1）弄清所要监测的装置有哪些泄漏点，分析其泄漏压力、方向等因素，并画出监测位置分布图。

2）根据所在场所的气流方向、风向等具体因素，判断当发生重大泄漏时，气体的泄漏风向。

3）根据泄漏气体的密度（大于或小于空气），结合空气流动趋势，综合成泄漏的立体流动趋势图，并在其流动的下游位置做出初始设点方案。

4）研究泄漏点的泄漏状态，如果是渗透和滴漏，则设点的位置就要靠近泄漏点一些；如果是重漏和流淌，则要稍远离泄漏点。综合这些状况，拟定出最终设点方案。

5）对于存在较大毒气泄漏的场所，应按规定每相距 10～20m 设一个监测点。对于无人值班的小型且不连续运转的泵房，需要注意发生泄漏的可能性，一般在下风口安装一台监测设备。

6）对于有氢气泄漏的场所，应将监测设备安装在泄漏点上方平面。

7）对于气体密度大于空气的介质，应将监测设备安装在低于泄漏点的下方平面上，并注意周围环境特点。对于容易积聚有毒气体的场所应特别注意安全监测点的设定。

8）对于开放式有毒气体扩散逸出环境，如果缺乏良好的通风条件，也很容易导致某个部位的空气中有毒气体含量接近或达到爆炸下限浓度，这些均是不可忽视的安全监测点。根据现场事故的分析结果，其中一半以上是由于不正确安装和检验引起的。

3. 个体防护技术

液体推进剂操作人员在操作过程中，为保证个人人身安全和健康，防止被液体推进剂或其蒸气的毒性及窒息性伤害而采取的各种措施，称为液体推进剂个体防护技术。目前，针对液体推进剂个体防护要求，将液体推进剂个体防护技术分为一级防护、二级防护和三级防护。

1）一级防护，即重型防护，也称全封闭隔绝式防护。用于可能缺氧、危险物性质或浓度不明、危害因数（环境中有害物质浓度与该物质国家职业卫生标准最大允许浓度的比值）大于100（如偏二甲肼浓度超过 50mg/m^3（20ppm）、二氧化氮浓度超过 500mg/m^3（280ppm））的液体推进剂作业环境。液体推进剂一级防护作业岗位：进入密闭空间如进贮罐、设备带介质维修、泄漏抢险、应急救援等。

2）二级防护，即轻型防护，也称有限防护。用于氧气浓度高于 18％且危害因数小于 100（如偏二甲肼浓度低于 50mg/m^3（20ppm）、二氧化氮浓度低于 500 mg/m^3（280ppm））的液体推进剂作业环境。液体推进剂二级防护推进剂作业岗位：运输、加注、转注、取样化验、少量推进剂处理、消防等存在推进剂液体泄漏或喷溅可能的场所。

3）三级防护，也称一般防护。用于危害因数小于 10（如偏二甲肼浓度低于 5mg/m³（2ppm）、二氧化氮浓度低于 50mg/m³（28ppm））的液体推进剂作业环境。液体推进剂三级防护主要用于进入推进剂作业现场规定危险区，不直接从事推进剂作业并不需采取一、二级安全防护的人员。但因作业现场存在推进剂有毒气体，对呼吸器官和人体皮肤应采取一定安全防护措施。三级防护宜使用半面罩过滤式防毒面具，穿透气式防护服。

4. 现场洗消

液体推进剂贮存、转注、加注等操作场所，必须具备现场洗消能力，配备现场洗消装置。

（1）冲洗

可连接胶管冲洗泄漏的液体推进剂，且冲洗胶管要延伸至操作部位，一旦泄漏，可立即冲洗；同时操作过程中要保持长流水，以保证一旦发生泄漏喷溅人身，能立即冲洗。

（2）洗眼喷泉

操作现场设有能喷淋水流的洗眼喷头，一旦推进剂溅入眼内，可及时进行冲洗。

（3）消防水

可在大量液体推进剂泄漏时进行稀释。

（4）淋浴

用于人员在操作结束后的淋洗，一般设专用淋浴间。

5. 卫生保健

1）液体推进剂作业人员每年进行一次体检；在处理推进剂事故过程中有不适感时，应及时进行体检；

2）患有呼吸道疾病、肝脏疾病等人员不宜从事推进剂工作；

3）从事肼类燃料作业的人员，在进行操作前应适量服用维生素 B_6（100～150 mg）；

4）操作现场应配备急救药品，在大量液体推进剂转注或执行火箭发射任务时，要配备救护车和救护人员；

5）液体推进剂作业人员按规定享受保健津贴和专业休假疗养。

7.2.3　液体推进剂特种作业安全技术

1. 贮存安全技术

（1）偏二甲肼

偏二甲肼处于液态温度范围较宽（−57.2～63.1℃），热稳定性好，与大多数金属材料相容，对冲击、碰撞不敏感，它是良好的可贮存燃料。但偏二甲肼有毒，易燃，给贮运、转注和处理带来一定的困难。

1）入库前首先观察铅封是否完好，详细核对数量及质量合格证，复查产品质量，并取样分析，当结果符合技术条件规定的"出厂规格"时，方可入库。

2）仓库人员要经常检查容器的密封情况（如非金属垫片是否破坏，是否腐蚀漏气等），如有漏气要立即排除。

3）库内要保持干燥，相对湿度要保持在 85% 以下，越干燥越好。

4)为了保证偏二甲肼质量,贮存期间尽量减少打开容器的次数。

5)长期贮存的偏二甲肼必须用纯度 97% 以上的氮气保护,充氮压力不低于 0.05 MPa。

6)长期贮存时,容器中的偏二甲肼量应不少于 50%,不多于 90%。

7)偏二甲肼在长期贮存过程中,每半年应进行一次质量检查,有效化验期定为三个月。

8)偏二甲肼库内严禁存放各种氧化剂和可燃物品,仓库内应保持整洁。

9)要经常进行机械通风。

10)严禁明火。

(2)肼和单推-3

肼和单推-3 等液体推进剂通常贮存在小容器中。由于肼和单推-3 属于单组元推进剂,某些金属材料如纯铁、铅、钼、铜及其合金、碳钢及其镀层等,对二者均有明显催化分解作用。因此在贮存过程中应防止肼和单推-3 与上述物质的接触,保持贮存库房洁净,地面无铁锈,且禁止放置氧化剂和其他无关物品。其他贮存安全技术可参照偏二甲肼。

(3)硝基氧化剂

硝基氧化剂贮存质量变化与容器密封情况关系密切。硝基氧化剂在 1Cr18Ni9Ti 不锈钢和 LF3 铝合金的容器中密封贮存七年后,产品质量无明显变化。

1)要求容器法兰、活门及其他连接部保持良好密封状态,法兰处应采用聚四氟乙烯垫片,漏气时应拧紧法兰、螺栓或阀门,如发现渗漏,可采取敛缝、涂熟石膏或水玻璃与石棉的糊状物堵死。如大量泄漏,故障无法排除,应迅速转移到其他容器中贮存。

2)贮存容器或系统,应防止阳光直接照射。库区应保持干燥,相对湿度应不大于 85%。

3)库区严禁存放其他无关物品,附近不许有干草、木柴等易燃品。

4)库房应设置良好的通讯,报警设备,应有足够的水源用以救护、消防、洗消等。

5)液罐在装运前必须严格检查气密性。运输途中发生渗漏,可采用敛缝、涂熟石膏等方法处理,情况严重而无法排除时,应排于荒凉偏僻处,沾染区必须中和处理。

6)禁止车用汽油和其他易燃品与氧化剂混装,长途运输应伴随加油车或到加油站加油。

2. 运输安全技术

(1)偏二甲肼

大量偏二甲肼一般采用专用铁路槽车运输。当氧化剂和燃烧剂编排在同一列车时必须相隔两节车厢以上,在车站停放时,相互间隔 10 m 以上,靠近燃料的地方严禁明火。

公路运输偏二甲肼时,通常采用铝镁合金 LF3 制成的专用公路槽车。

(2)肼和单推-3

由于肼和单推-3 属于单组元推进剂,在运输过程中应将放置推进剂容器的车板和甲板上的铁锈等催化性杂质清除干净。其他运输安全技术可参照偏二甲肼。

(3)硝基氧化剂

1)运输过程中,押运人员应熟悉硝基氧化剂性能,掌握预防及处理事故的措施及方法。

2)运输车辆停放时,应远离其他货物,特别是与装有易燃物的车辆分开。

3)运输车上应配备洗消用水、中和液、急救药箱、灭火器和防护用品。

3. 转注安全技术

(1)偏二甲肼

1)转注系统应洁净干燥、连接可靠,仪表、阀门等均应工作正常。

2)转注前应用氮气对系统进行置换。

3)转注前应对系统进行气密性检查,检查合格后方可进行转注。

4)转注过程中,贮罐、槽罐、管路系统的氮气压强应控制在规定范围内。

5)泵转注时,槽罐液位显示液体高度 40 cm 时,将流量减至最小后停泵,余液挤入集液罐。

6)转注过程严格执行操作规程,时刻注意参数变化。

(2)肼和单推-3

1)转注系统连接可靠,气密性良好。

2)转注现场应清除铁锈等杂物,严禁烟火,配备消防车和救护车。

3)废气须经处理后排放,污染的地面和物品应及时冲洗干净。

(3)硝基氧化剂

1)通常采用泵转注,亦可采用氮气挤压,少量转注可用手摇泵。

2)转注或加注时,系统必须连接可靠严格密封,对易漏部位加强通风,现场禁放易燃品,无关人员撤离现场。

3)转注现场必须备有消防、消毒用水、中和液、急救药箱、小型灭火器、防护用品等。

4. 取样安全技术

取样人员应熟悉推进剂的性能,掌握防护急救知识,取样操作人员应穿戴防毒面具、防护衣、防护手套、长筒胶靴。每次取样时,操作人员不得少于两人。出厂产品取样应有供需双方人员参加,取出的试样应确保其具有代表性。

(1)取样容器的安全技术要求

1)取样容器的材料必须是与推进剂能长期相容的一级相容材料,对肼类燃料应为铝、不锈钢制品或玻璃瓶,对硝基氧化剂应为铝或不锈钢制品。

2)取样容器必须洁净、干燥、密封性好,无油污、无灰尘、无积水、无锈蚀,肼、单推-3 取样容器内严禁有金属氧化物。

3)取样容器和组件初次使用前必须进行脱脂、除锈、钝化处理,达到要求后方能使用。

4)取样容器使用后必须及时清洗、烘干,妥善保管。

(2)取样准备工作的安全技术要求

1)检查取样容器有无破损。

2)用纯度为 98.0% 以上的氮气置换容器中的空气 2~3 次。

3)取样前用干净滤纸擦净取样管口。

4)取样管道废液的排放量按管道体积的三倍量间断排放后,方可用洁净干燥的容器收集推进剂样品。

(3)取样时机要求

1)动态取样时机:①接收(发放)推进剂时,转入(出)贮运容器后立即取样;②转换贮运容器后立即取样;③添加缓蚀剂或不合格与合格推进剂混合调配时,搅拌均匀后立即取样。

2)静态取样时机:在推进剂贮存已处于稳定状态下做例行化验时,进行静态取样。

(4)取样部位要求

对偏二甲肼、硝基氧化剂推进剂,按贮运容器结构确定取样部位和比例。贮存容器如有上、中、下取样阀,则动态取样时,可从上、中、下三个部位中任一部位取样;静态取样时,从上、中、下三个部位按等体积比(1:1:1)取样。对肼、单推-3 及小容量偏二甲肼推进剂,取样前应充分晃动容器,使其液体均匀后采取挤压取样后虹吸式取样方式进行取样。

7.2.4　电气安全技术

1. 电气事故特点

电气事故包括触电事故、雷电、静电事故、电磁场危害、电气火灾或爆炸、电气线路和设备故障等。电气事故有如下特点:①电气事故危害大。电气事故往往伴随着人员伤害和财产损失,严重的电气事故不仅会带来重大的经济损失,甚至会造成人员伤亡。②电气事故危险直观识别难。电本身不具备为人们直观识别的特征,由电所引发的危险不易被人们察觉,使得电气事故往往猝不及防。③电气事故涉及领域广泛。电气事故不仅仅局限在用电领域的触电、设备和线路故障等,在一些非用电场所,因电能的释放,也会造成伤害,如雷电、静电和电磁场危害等。

2. 触电安全防护技术

(1)触电事故的伤害

触电事故最常见的情况是偶然触及那些正常情况下不带电而意外带电的导体。触电时,电流对人体的伤害可分为局部电伤和全身性电伤两类。

1)局部电伤。局部电伤是指在电流或电弧作用下,人体部分组织的完整性明显地遭到损伤。有代表性的局部电伤有电灼伤、电标志、皮肤金属化、机械损失和电光眼。

2)全身性电伤。遭受电击后,人体维持生命的重要器官(心脏、肺等)和系统(中枢神经系统)受到破坏,甚至导致死亡。

(2)触电安全防护

触电事故虽具有突发性,但具有一定的规律性,针对其规律性采取相应的安全技术措施,避免人员受到伤害。

1)采用安全电压。安全电压是为了防止触电事故而采用的由特定电源供电的电压系列,它是制定电气安全规程和一系列电气安全技术措施的基础数据。这个电压系列的上限值,在任何情况下,两导体间或任一导体与地之间均不得超过交流有效值50V。安全电压能限制人员触电时通过人体的电流在安全电流范围内,从而在一定程度上保障了人身安全。

2)保证绝缘性能。电气设备的绝缘,是用绝缘材料将带电导体封闭起来,使之不被人体触及,从而防止带电事故。电气设备的电阻必须保持在规定的范围内。衡量电气设备绝缘性能最基本的指标是绝缘电阻,足够的绝缘电阻能把电气设备的泄漏电流限制在很小的范围内,可有效防止漏电引起的事故。

3)采用屏护。屏护包括屏蔽和障碍,是指能防止人体有意、无意触及或过分接近带电体的遮拦、护罩、护盖、箱匣等安全装置,必要时,还可设置声、光报警信号和联锁保护装置。

4)保持安全距离。安全距离是指有关规程明确规定的、必须保持的带电部位与地面、建筑物、人体、其他设备间的最小电气安全距离。安全距离的大小取决于电压的高低、设备的类型及安装方式等因素。

5)合理选用电气装置。合理选用电气装置是减少触电危险和火灾爆炸危险的重要措施。选择电气设备时主要根据周围环境的情况,如在干燥少尘的环境中,可采用开启式或封闭式电气设备;在潮湿和多尘的环境中,应采用封闭式电气设备;在有腐蚀性气体的环境中,必须采取封闭式电气设备;在有易燃易爆危险的环境中,必须采用防爆式电气设备。

6)装设漏电保护装置。漏电保护装置是一种在设备及线路漏电时,保护人身和设备安全的装置,其主要作用是防止由于漏电引起的人身触电,并防止由于漏电引起的设备火灾。

7)保护接地与接零。保护接地是把用电设备在故障情况下可能出现危险的金属部分用导线与接地体连接起来,使用电设备与大地紧密连通。

保护接零是指将电气设备在正常情况下不带电的金属部分,用导线与低压电网的零线连接起来。

3. 电力系统安全技术

(1)电动机的防火防爆

电动机是将电能转变为机械能的电气设备,电动机按结构和适用范围,可分为开启式和防护式两种。为防止化学腐蚀及易燃易爆危险物质,多使用各种防爆式电动机。

(2)电缆的防火防爆

电缆一般分为动力电缆和控制电缆。动力电缆用来输送和分配电能;控制电缆用于测量、保护和控制回路。电缆的敷设可直接埋于地下,也可以用隧道、电缆沟或电缆桥架架空敷设。埋地敷设时应设置标志,穿过道路或铁路时应有保护套管;用电缆桥架空敷设时,宜采用阻燃电缆。

(3)电缆桥架及电缆沟的防火防爆

如果电缆桥架处在防火防爆区域里,可在托盘、梯架添加具有耐火或难燃性的板、网材料,构成封闭式结构,并在桥架表面涂刷防火层。其整体耐火性应能符合国家规范要求。桥架还应有良好的接地措施。

电缆沟与变、配电所的连通处,应采取严密封闭措施,如填砂等,以防止可燃气体通过电缆沟窜入变、配电所,引起火灾爆炸事故。电缆沟中敷设的电缆可采用阻燃电缆或涂刷防火涂料。

(4)电气照明的防火防爆

照明灯具在工作时,玻璃灯泡、灯管、灯座等表面温度都较高,若灯具选用不当或发生故障,会产生电火花和电弧。接头处接触不良,局部会产生高温。导线和灯具的过载和过压会引起导线发热,使绝缘损坏、短路和灯具爆碎。

(5)电气线路的防火防爆

电气线路往往因为短路、过载和接触电阻过大等原因产生电火花、电弧,或因导线、电缆达到危险高温而发生火灾。因此,必须防止电气线路短路起火,防止电气线路过载,同时保证导线接头处接触良好,防止局部接触电阻过大,发生过热甚至燃烧。

4. 火灾爆炸危险场所的电气安全

从正确选用电气设备和加强对电气设备的维护保养两方面,保证电气设备的安全使用。

(1)防爆电气设备的选型

防爆电气设备选型的基本原则是在整体防爆的基础上,满足安全可靠,经济合理的要求。所谓"整体防爆",就是将爆炸危险场所作为一个整体来看,按照防爆电气安全规程与有关技术规范的规定,根据爆炸危险场所中存在危险物质的种类、特性、释放源出现的频度、时间及通风状况等,选用相应的防爆电气设备。

目前防爆电气设备分为 3 大类:Ⅰ类防爆电气设备适用于煤矿井下;Ⅱ类防爆电气设备适

用于爆炸性气体环境；Ⅲ类防爆电气设备适用于爆炸性粉尘环境。液体推进剂所用的防爆电气设备多为Ⅱ类防爆电气设备。

（2）电气设备的维护

由于电气设备运行中产生的火花和危险高温是引起火灾的主要原因，因此保持电气设备的正常运行对于防火防爆具有重要意义。

1）设备参数不超过允许范围。电气线路的电压、电流值不得超过规定值，导线截流应在规定范围内。

2）保持绝缘良好。电气设备线路应定期进行绝缘试验，保证其处于良好状态。

3）在有气体或爆炸性混合物的场所，防爆电气设备的最高表面温度应符合规定要求。

4）定期清扫。由于设备表面污物会导致绝缘下降，灰尘杂物堆积会妨碍通风冷却，甚至引起火灾。因此，要经常保持电气设备整洁，尤其在纤维、粉尘爆炸混合物场所使用的电气设备，更要定期清扫。

5）防止导线接头氧化。电气线路中的接头很容易氧化，接触电阻随接触氧化时间的延长而增大。随着接触电阻的增大，接头压降也会越来越大，发热情况会愈加严重，就有可能发生事故。

5. 静电的危害与消除

（1）静电的危害

1）爆炸和火灾。爆炸和火灾是静电最大的危害。在液体推进剂的作业场所，可能会发生由静电引起的火灾或爆炸。

2）电击。当人体接近带电体时，或带静电电荷的人体接近接地物体时，都可能产生静电电击，导致直接人身伤害或坠落、摔倒等二次伤害。

（2）静电的消除。防止和消除静电的基本途径：在工艺方面控制静电的发生量；采取泄漏导走的方法，消除静电电荷的积累；利用设备生产出异性电荷，中和生产过程中产生的静电电荷。

（3）人体防静电措施

人体带电除了能使人遭到电击或对安全操作构成威胁外，还能导致精密仪器或电子器件的质量事故。因此，消除人体所带静电非常必要，具体措施如下：

1）人体接地。在人体必需接地的场所，工作人员应随时用手接触接地棒，以消除人体所带的静电，防静电场所的入口处、外侧，应有裸露的金属接地物体，如采用接地的金属门、扶手、支架等。在有静电危害的场所，工作人员应穿戴防静电工作服、鞋和手套，不得穿用化纤衣物。

2）工作地面导电化。特殊危险场所的工作地面，应是导电性的或具备导电条件。这可通过洒水或铺设导电地板来实现。工作地面泄漏电阻阻值应控制在 $3 \times 10^4 \ \Omega \leqslant R \leqslant 1 \times 10^6 \ \Omega$。

3）安全操作。工作中，尽量不进行可使人体带电的活动，如接近或接触带电体；操作应有条不紊，避免急骤性的动作；在有静电危害的场所，不得携带与工作无关的金属物品，如钥匙、硬币、手表等；合理使用规定的劳动保护用品和工具，严禁使用化纤材料制作的拖布或抹布擦洗物体或地面。

6. 雷电危害及其防护

（1）雷电的危害

雷电的危害按破坏因素可归纳为电性质破坏、热性质破坏、机械性质的破坏 3 类。

1)电性质破坏。雷电放电产生极高的冲击电压,可击穿电气设备的绝缘,损坏电气设备和线路,导致火灾或爆炸事故,也可能造成严重的漏电事故。

2)热性质破坏。强大雷电通过导体时,在极短的时间内转换为大量热能,容易导致易燃物质燃烧或金属熔化飞溅,从而引起火灾或爆炸。

3)机械性质的破坏。在雷击物体内部出现强大的机械压力,使被击物体遭受严重破坏或造成爆裂。人体遭受雷击时,雷击电流迅速通过人体,可立即使呼吸中枢麻痹,心室纤颤、心跳骤停,致使脑组织以及一些主要脏器受到严重损害,出现休克或突然死亡。雷击时产生的火花、电弧,还可使人遭受到不同程度的烧伤。

(2)防雷的基本措施

1)直接避雷的保护措施。可通过避雷针、避雷带、避雷网等达到避雷效果。

2)雷电感应的保护措施。防止雷电感应产生的高压,可将室内外的金属设备、金属管道、结构钢筋予以接地。

3)雷电侵入波的保护措施。防止雷电侵入波的防护装置有阀型避雷针、管型避雷针和保护间隙,主要用于保护电力设备,也可用作防止高压电侵入室内的安全措施。

7. 安全用电常识

1)严禁用一线一地安装用电器具;

2)在一个电源插座上不允许引接过多或功率过大的用电器具和设备;

3)未掌握有关电气设备和电气线路知识的专业人员,不可安装和拆卸电气设备及线路;

4)严禁用金属丝绑扎电源线;

5)严禁用潮湿的手接触开关、插座及具有金属外壳的电气设备,不可用湿布擦拭上述电器;

6)堆放物资、安装其他设备或搬运各种物体时,必须与带电设备或带电导体相隔一定的安全距离;

7)严禁在电动机和各种电气设备上放置衣物,不可在电动机上坐立,不可将雨具等挂在电动机或电气设备的上方;

8)在搬移烘箱、马福炉、电炉等可移动设备时,要先切断电源,不可拖拉电源线来移动设备;

9)在潮湿环境下使用可移动电气设备时,必须采用额定电压36 V及以下的低压设备。若采用额定电压较高的电气设备时,必须使用隔离变压器。

10)雷雨天气,不可走近高压电杆、铁塔和避雷针的接地导线周围,以防雷电伤人。

7.2.5 压力容器安全技术

压力容器是指盛装气体或液体,具有一定压力的密闭设备,从广义上来讲,所有承受压力载荷的容器均可称为压力容器。国家《特征设备安全监察条例》中规定,最高工作压力大于或等于0.1 MPa(表压),且压力与容积的乘积大于或等于2.5 MPa·L的气体、液化气体和标准沸点等于或低于60℃液体的气瓶、氧舱等均属于压力容器。压力容器是常见设备,但也是一种容易发生恶性事故的特殊设备。尤其是盛装具有易燃易爆性、毒性和腐蚀性物质的压力容器,就更容易发生事故。

液体推进剂使用过程中,常见的压力容器包括高压气瓶、取样瓶、贮罐及高压连接软管等。压力容器的规范使用和科学管理对液体推进剂的安全作业具有重要的意义。

1. 压力容器的基本知识

(1)压力容器的压力来源

压力容器所承受的压力来源可分为两类:一类是气体或液体介质在容器之外的设备内通过加压或增压后送入压力容器内中,使容器壳体承受来自于介质对容器单位承载面积上产生的垂直方向的作用力,如在液体推进剂中使用的高压氢气瓶、氧气瓶等;另一类是介质送入压力容器之前没有压力,送入容器内后,由于它在容器内介质聚集状态发生改变、介质的密度发生变化、介质温度升高或介质在容器内发生体积增大的化学反应等,使容器内产生或增大压力,如液体推进剂的取样瓶、贮罐及高压连接软管等,在温度升高时,会导致容器内压力增大。

(2)压力容器的基本要求

压力容器作为液体推进剂中使用的重要设备,必须满足安全使用的要求,同时具有确定的几何形状,能够承受一定的压力载荷,具有一定的寿命等多方面的功能。

液体推进剂压力容器的基本要求可概括为以下几个方面:①具有最佳的结构形式;②合理的结构材料;③适宜的力学性能;④密封性好。

(3)压力容器的分类

1)按容器所承受压力 p 可分为:低压容器 L(0.1 MPa$\leqslant p <$1.6 MPa)、中压容器 M(1.6 MPa$\leqslant p <$10 MPa)、高压容器 H(10 MPa$\leqslant p <$100 MPa)及超高压容器 U($p\geqslant$100 MPa)。

2)按壳体承压方式分为内压容器和外压容器。

3)按设计温度 t 的高低可分为:低温容器(壁温 $t\leqslant -20$℃)、常温容器(壁温为 -20℃$< t <450$℃)、高温容器(壁温 $t>450$℃)。

4)按制造方法分类可分为焊接容器、锻造容器、铸造容器及组合式容器。

5)按作用原理分类可分为反应容器、换热容器、分离容器及贮存容器。

6)按安全的重要程度分类可分为:第一类容器、第二类容器和第三类容器。

(4)压力容器的应力理论

压力容器的筒体及封头承受着工作介质的压力,它的支座承受着容器壳体和容器内介质的重力等。这些载荷作用在压力容器零部件(简称构件)上的是一种外力。根据材料力学理论,一切构件在外力作用下都要改变原来的形状,且在其内部要产生反抗外力作用的内力。一般情况下,这种内力和变形随着外力的增大而增加,而且随着外力的撤除而消失。构件在外力撤除后能完全消失的变形称为弹性变形,不能完全消失的变形叫作参与变形或塑性变形。过大的变形会影响压力容器安全可靠的运行。压力容器是否会产生塑性变形,与其产生的内力大小有关,而内力的大小决定于外力的大小和作用方式。

从外力作用方式和构件所产生的变形特点来看,可总结为以下几种基本形式:拉伸或压缩、剪切、扭转和弯曲等,其中两种或两种以上基本形式组合而成的称为复合变形。外力的作用方式不同,在构件内引起的内力也不同。通常为计算构件某一截面上的内力,则假想沿着这个截面将构件切开,由于构件在外力作用下还是处于平衡状态,因此作用在切下来的这部分构件的外力必定与这个截面上的内力相等。根据静力平衡条件,通过截面法可求得这个截面上的内力。将作用在构件单位面积上的内力称为应力,单位是 N/m³,即 MPa。

(5)压力容器的基本结构

压力容器主要由壳体、连接件、密封元件、支座和接管组成。压力容器中的主要受压元件包括筒体、封头(端盖)、球壳板、膨胀节、开孔补强板、设备法兰、M36 以上的设备主螺栓、人孔盖、人孔法兰及直径大于250 mm的接管等。容器外壳、端盖、法兰、开孔与接管等各种承压部件是压力容器上最危险的点构件,时常由于各种原因而产生事故。

(6)压力容器的主要技术参数

压力容器的设计压力、设计温度、公称直径和容器壁厚等技术参数是压力容器设计、选材、制造和使用与检验修理等方面的重要依据。

工作压力也称操作压力,是指容器顶部在正常工作过程中可能产生的表压力。设计压力是指在相应设计温度下用以确定容器壳壁计算壁厚及其元件尺寸的压力,其可取等于或略高于最高工作压力的值。压力容器的设计压力不得低于最高工作压力,装有安全泄放装置的压力容器,其设计压力不得低于安全阀的开启压力或爆破片的爆破压力。

设计温度是指压力容器在工作过程中,在相应的设计压力下,壳壁或金属元件可能达到最高或最低(指−20℃以下)的温度(指壳体沿截面厚度的平均温度),其不同于工作温度,是选择金属材料力学性能、物理性能的基础。在任何情况下,压力容器壳体或其他受压元件金属的表面温度不得超过材料的允许使用温度。

公称直径是压力容器零部件标准化系列而选定的壳体直径,用符号 DN 及数字表示,单位为毫米。应注意的一点,焊接的圆筒形容器,公称直径是指其内径。而用无缝钢管制作的圆筒形容器,公称直径是指其外径。

压力容器壁厚的参数常见的有:名义壁厚、设计厚度、计算厚度、有效厚度、厚度附加量等。

(7)压力容器的安全管理

压力容器发生事故的直接原因通常是压力容器本身的不安全因素和操作人员的不安全行为,间接原因往往则是管理不善。要防止压力容器发生事故,就要建立压力容器的不安全因素评定,杜绝操作人员的不安全行为,建立和健全各项管理制度。按照压力容器不同的安全状况可将压力容器划分为五个等级:1级、2级、3级、4级、5级,其中1级的安全状况最好,5级的安全状况最差。

2. 压力容器的定期检验

为确保液体推进剂各项活动的安全进行,必须正确认识压力容器在使用与检修过程中存在的风险。如压力容器在检修时要释放所有的气体和底部残留液并更换零件,容易出现较多的泄漏;所有进入压力容器检修场所的人员都可能因其不安全行为而成为风险的制造者;所有压力容器检修场所内的设备设施都可能存在不安全状态。为了对压力容器在使用与检修过程中存在的风险进行有效控制,确保人员及装备安全,必须对压力容器进行定期检验。

压力容器定期检验的目的是及时查清压力容器设备的安全技术状况,及时发现和消除压力容器设备存在的缺陷和隐患,确保压力容器长期安全运行。

常见的检验方法有宏观检查,主要用于检查容器表面的各种缺陷;无损探伤检验,主要用于检查原材料及焊缝表面和内部缺陷;理化检验,多用于检查原材料及焊缝化学成分及机械性能的破坏性试验;整体性能检验,主要用于检查宏观容器强度及密封性的耐压试验和气密性试验。

(1)宏观检查

宏观检查是用肉眼,或借助于放大镜、反光镜、灯光或量具及样板等工具进行观察和检查的方法。宏观检查根据检查方式的不同又将其分为目视检查、锤击检查、灯光检查(包括光学潜望镜,如内窥镜检查和一般灯光检查两种)、样板检查和量具检查(包括常用量具检查和焊口检测器检查)。

这类检查方法主要用于在役压力容器的定期检验中,以检查容器表面的宏观缺陷和变形。此外也可用以检查原材料,焊缝及构件的外形尺寸及几何形状。宏观检查是一种最简单、但是又不可或缺的检查手段,是整个检验工作的基础。

1)目视检查。目视检查是用肉眼直接观察容器的内外表面,检查其是否有腐蚀的斑点或凹坑、磨损或冲刷的深沟;容器内外壁的防腐层或衬里是否完好;壳体有无明显的凹陷、鼓包和裂纹等缺陷。

2)灯光检查。对固定容器的底部及视线不能观察到的部位,可用镜面微凹的反光镜来观察。

3)锤击检查。锤击检查是一种常见的检查方法。它是利用手锤轻轻敲击被检查的压力容器壁或其他部件时发出的声响及小锤的回弹情况来判别构件的好坏。

4)量具检查。量具检查是利用各种不同的量具对容器的内、外表面进行直接测量,以检查存在的缺陷。

(2)无损探伤检验

在压力容器构件的内部,常常存在着不易被宏观检查发现的缺陷,如焊缝中的未熔合、未焊透、夹渣、气孔、裂纹等无法发现的缺陷或可疑的部位,要想知道这些缺陷的位置、大小、性质,对每一台压力容器进行破坏性检查是不可能的,为此需进行无损探伤检验。无损探伤是在不损失被检查构件的情况下,利用材料和材料中缺陷所具有的物理特性探查其内部是否存在缺陷的方法,有射线探伤、超声波探伤和表面探伤等。

1)表面探伤。表面探伤的方法很多,常用的有磁力探伤、荧光探伤和液体渗透探伤等。

a.磁力探伤。又称磁粉探伤、电磁探伤,是利用铁磁性材料在缺陷处的磁导率不同,因而磁阻不同的原理来检验缺陷。磁力探伤属于表面探伤,主要用来检测表面缺陷和近表面缺陷,对表面裂纹等线性缺陷的探伤灵敏度较高。

b.液体渗透探伤。液体渗透探伤是利用液体的毛细管作用原理来检查材料或工作表面缺陷的方法。其适用于表面开口状缺陷的检验,缺陷的显示不受缺陷方向的限制,设备简单、成本低、应用广泛。

2)射线探伤。射线探伤是根据射线穿过有缺陷部分和无缺陷强度衰减程度不同,使胶片的感光程度也不相同,因此可以通过胶片的感光情况来判断和鉴定焊接接头的内部质量。常用的射线探伤手段有 X 射线探伤和 γ 射线探伤等。射线探伤可以显示出缺陷的形状,平面位置和大小,对气孔、夹渣、未熔合、未焊透等体积型缺陷较为灵敏,是检查焊接接头内部缺陷的一种准确而可靠的方法。

3)超声波探伤。超声波探伤是利用频率超过20 000 Hz(多用频率为 2～5 MHz)的超声波,在弹性介质中产生的机械振动检验金属材料和焊缝中缺陷的方法。超声波探伤灵敏度高,尤其对裂纹更为敏感,具有探伤周期短、成本低、穿透力大等优点,但在探伤时判断缺陷性质的直观性差,定性定量困难,近表面缺陷不易发现,探伤结果与操作人员技术水平有关。

超声波探伤广泛运用于压力容器制造时探测焊接接头、锻件和钢材的缺陷,以及在役压力容器的定期检查中,探测缺陷、测量器壁和受压元件厚度。

3. 液体推进剂贮运压力容器安全技术

常见的液体推进剂贮运压力容器主要包括进行液体推进剂运输、贮存、转注及取样过程中使用的取样瓶、贮罐(包括铁路罐车和公路罐车)及高压连接软管等设备。由于液体推进剂会对贮运压力容器的材料产生腐蚀、溶解、溶胀、渗透、变脆等作用,同时由于多数液体推进剂具有挥发性,特别是红烟硝酸等硝基氧化剂,常温下具有较大的饱和蒸气压,致使贮运压力容器的性能发生变化,可能导致危险事故的发生。

(1)贮运压力容器材料相容性

液体推进剂与材料相容性级别与温度有密切的关系。一般情况下,推进剂与材料相容性级别是指温度为室温或50℃以下时,推进剂与材料接触的级别,在特种温度下或特种条件下,需要模拟实际使用条件的试验研究才能确定。液体推进剂既有单元推进剂,又有双组元推进剂,由于单组元推进剂易分解,故二者材料相容性分级标准是不同的。

金属材料在推进剂中的腐蚀形态包括均匀(全面)腐蚀和非均匀(局部)腐蚀。液体推进剂与材料相容性的试验评价方法,最常用的是静态浸泡法,即材料试片在推进剂中浸泡一定周期。金属试片以试验前后的质量变化计算材料的腐蚀速率,非金属材料以试验前后质量、体积、伸长率、硬度和扯断强度变化,评价推进剂对材料的作用。用测定试验前后推进剂的物理及化学性质和化学成分的变化来评价材料对推进剂的影响:一级相容材料可与推进剂长期接触;二级相容材料可与推进剂较长时间接触在一定条件下可重复使用;三级相容材料可与推进剂短期接触;四级为不相容材料或不推荐使用材料。

1)肼类燃料。贮运肼类燃料的容器,必须用大量水冲洗,并尽快洗净、烘干,不得长时间在水中浸泡。偏二甲肼、肼等的水溶液对不锈钢和碳钢不发生显著腐蚀作用。而塑料、橡胶和某些润滑剂等高分子聚合物的极性较弱,较易溶于弱极性或非极性溶剂中,偏二甲肼对非金属材料具有较大的溶解性。因此,贮运肼类燃料的容器,其材质必须选用与肼类燃料一级相容的材料,如不锈钢1Cr18Ni9Ti,0Cr18Ni9Ti,聚四氟乙烯等。

2)硝基氧化剂。硝基氧化剂对铝及其合金、不锈钢、包铝等金属材料,氟塑料F-46,F-4等非金属材料的相容性较好。当硝基氧化剂中水分含量逐渐增加时,其对金属材料的腐蚀速率显著增加;当水分增加到一定值时,原来相容的金属材料也可能不相容。如含水体积分数为50%~97.5%的硝基氧化剂对铝合金的腐蚀速率比合格的硝基氧化剂高一万倍以上。

普通玻璃、陶瓷和石英制品因硝基氧化剂中含有氢氟酸,容易被严重腐蚀,应避免使用。钛和钛合金容器作为硝基氧化剂的贮存容器时,存在着发生接触爆炸的危险。

(2)贮运压力容器安全技术

装载有液体推进剂的贮罐(取样瓶),在其本体及连接管的焊缝处,罐上安装的各类阀门、接头、人孔盖、法兰等连接部分的法兰连接处,罐体材料本身因材质、腐蚀、撞击导致的穿孔和裂纹处,是此类压力容器贮运过程中的薄弱环节。在外界环境因素的作用下,特别是环境温度的升高,罐体内液体推进剂的挥发速度加快,罐内的蒸气压力进一步增大,如果罐体的材料选择不当,对罐体的检查和检验不够及时和仔细,就很容易发生安全事故。

对于装载硝基氧化剂的压力容器,由于它们的沸点较低,饱和蒸气压较高,除了进行定期的检查和检验,还要求环境温度控制在较低的范围内,如贮存条件下的环境温度应控制在5~21℃,运输条件下的罐体内温度应保持在-5~18℃,并及时检查罐内的液位及压力情况,如发现异常,及时报告并采取相应措施。

　　装载肼类燃料的压力容器,须经常检查环境温、湿度,容器内压力,不得将容器暴露在日光下。

　　4. 气瓶安全技术

　　在液体推进剂使用管理过程中,需要使用各种高压瓶装气体,如高纯氮气、高纯氢气、高纯氧气以及氦气等来完成各项工作,因此,气瓶在使用过程中,须遵守相关气瓶安全技术规定。

　　(1)使用过程的安全技术

　　1)气瓶的放置地点不得靠近热源、明火、可燃及助燃性气体,气瓶与明火的距离至少大于10 m;

　　2)禁止敲击、碰撞气瓶;严禁在气瓶上进行电焊引弧;严禁用带油的手套开气瓶;

　　3)瓶阀冻结时,严禁用火烘烤;

　　4)夏季要有防止日光暴晒的措施;

　　5)气瓶内的气体不能用尽,必须留有剩余压力或重量;永久气体气瓶的余压不得小于0.05 MPa;

　　6)使用操作人员不得随意修理气体减压阀,应由专业人员进行维修。

　　(2)装卸过程的安全技术

　　1)气瓶不得用电磁起重机或金属链绳吊装;气瓶不得与电器设备或带电导线连接;

　　2)气瓶必须配好瓶冒,防震圈;旋紧瓶冒,轻装轻卸,严禁抛、滑、滚动或撞击。

　　(3)气瓶贮运的安全技术

　　1)新购买的装满气体的气瓶,必须先进行抽样检查,确保安全;

　　2)气瓶应置于专用仓库贮存,通常应存于气瓶柜当中;贮存地点不得有地沟、暗道、严禁明火和其他热源;仓库内应通风、干燥,避免阳光直射;

　　3)气瓶入库前,应严格审核合格票签,做好记录,经验收无误后方可进库贮存;

　　4)气瓶使用应有详细记录,注明使用单位、日期、气瓶编号及使用人等;

　　5)旋紧瓶冒、放置整齐、留有通道、妥善固定,气瓶如需卧放,应做好防滚动措施,头部朝向一方,高压气瓶堆放不得超过五层,空瓶与满瓶应分开存放,并有明显标志;

　　6)盛装有毒气体的气瓶,或所装介质互相接触后能引起燃烧、爆炸的气瓶,须分开贮存,并在附近设有防毒面具及灭火器材;

　　7)氢气气瓶在使用、运输和贮存过程中必须竖直,且与氧气瓶的距离必须大于 5 m。

7.3　液体推进剂突发事故应急处置

7.3.1　液体推进剂分级防护体系

　　由于液体推进剂易燃易爆,且具有较强的毒性和腐蚀性,因此在作业过程中为防止液体推进剂及其蒸气对作业人员造成毒性或窒息性伤害,对作业人员必须采取相应的安全防护措施。

　　液体推进剂作业中的安全防护主要是指呼吸防护和皮肤防护。在没有呼吸防护措施的情况下,不允许任何操作人员暴露在危害和可能危害健康的环境中,呼吸防护的具体规范可参见国家标准《呼吸防护用品的选择、使用与维护》(GB/T-18664-2002)。

液体推进剂安全防护所遵循的基本原则:①贯彻"安全第一、预防为主"的方针;②实行安全检查和安全监测;③安全防护技术和防护措施紧密结合;④加强安全管理,普及人员教育;⑤日常卫生保健和应急处理相结合。

目前,基于液体推进剂的理化性质、人员所处环境、作业要求、防护装备现状及其发展趋势等,建立了液体推进剂分级防护体系,即液体推进剂三级防护体系。

1. 一级防护体系

一级防护体系强制采用空气呼吸器或长管式供气呼吸器,有效防护缺氧窒息或推进剂毒气浓度过高造成滤毒罐短时被击穿而引发人员中毒或伤亡;皮肤防护必须选用耐推进剂液体渗透的防护服和防护手套,保障作业人员的安全。

一级防护体系的关键是要有独立的清洁气源供人员呼吸,选择或研制相应的安全防护装备时,应以长时间抵御推进剂液体或气体渗透为基本原则。

2. 二级防护体系

二级防护体系采用的防护装备能够保证毒气经过过滤后满足人体正常呼吸,以长时间抵御推进剂毒气和短时间抵御液体渗透为原则,保证皮肤免受推进剂泄漏或喷溅的伤害,同时可以保证作业人员在事故发生后可以安全逃离现场。

3. 三级防护体系

三级防护体系,也称一般防护体系。用于危害因数小于10(如偏二甲肼浓度低于$5mg/m^3$(2ppm)、二氧化氮浓度低于$50mg/m^3$(28ppm))的液体推进剂作业环境。液体推进剂三级防护主要用于进入推进剂作业现场规定的危险区,不直接从事推进剂作业,不需采取一、二级安全防护体系的人员。但因作业现场存在推进剂有毒气体,对呼吸器官和人体皮肤应采取安全保护措施。

7.3.2 突发事故应急处置

液体推进剂属于易燃易爆、有毒危险化学品,由于运输、贮存、加注等环节中的偶然因素及人员、环境、气候、设备的不确定因素存在,导致对液体推进剂的管理和有效控制的难度加大,突发事故的出现的可能性增大。

液体推进剂的突发事故除极少数因操作失误引发生突然爆炸或剧烈燃烧之外,多数是因为推进剂泄漏引起的,造成燃烧爆炸(或中毒、化学烧伤)事故。对于液体推进剂的突发事故而言,重点是做好液体推进剂突发性泄漏事故的应急处置工作。

1. 突发泄漏应急处置

(1)推进剂泄漏的分类

液体推进剂泄漏一般是因管道、阀门失灵,材料腐蚀破坏或运输工具故障等引起的。发生有毒气体泄漏或挥发性强的有毒液体成点状、线状、平面或立体的泄漏,导致环境污染、设备损坏及人员的伤害。按推进剂泄漏程度的不同,推进剂泄漏一般分为渗漏、滴漏、重漏和流淌。

1)渗漏。设备表面有明显的介质泄漏痕迹,擦掉痕迹后,几分钟后又会出现。如果泄漏介质是推进剂蒸气,用小纸条检查时,纸条微微飘动,用肥皂水检查时,有气泡产生。

2)滴漏。介质渗漏成水球状,缓慢地流下或滴下,擦掉痕迹,5 min后再现水球状泄漏介质。如果泄漏介质是推进剂蒸气,用小纸条检查时,纸条飞舞,用肥皂水检查时,气泡成串。

3)重漏。介质泄漏较大,连续呈水珠状流下或滴下,但未达到流淌程度,如果泄漏介质是推进剂蒸气,则可听到泄漏气体所发出的噪声。

4)流淌。介质泄漏非常严重,连续喷涌不断,成线状流出。

(2)泄漏处置的应急防护

推进剂发生泄漏时,主要危害是发生燃烧爆炸事故、有毒气体扩散对人员造成化学灼伤及高温烧伤和环境污染。迅速查明泄漏情况,判定泄漏等级,及时封堵泄漏源,控制泄漏量,防止染毒区域进一步扩大,是避免恶性事故发生的首要条件。参与处置泄漏的人员应根据泄漏程度的不同做好相应的安全防护。

1)一般应急防护。主要处置渗漏、滴漏。处置人员需佩戴过滤式防毒面具、全身防护服、防护手套和耐酸碱胶靴,场地停留时间不超过 60 min。

2)应急防护。主要处置重漏。处置人员需佩戴隔绝式防毒面具、全身防护服、防护手套和耐酸碱胶靴,场地停留时间不超过 30 min。

3)紧急应急防护。主要处置流淌和其他恶性事故。处置人员佩戴隔绝式防毒面具、全身防护服、防护手套和耐酸碱胶靴,停留时间不超过 10 min。

(3)泄漏的应急处置措施

1)运输过程泄漏的应急处置。运输过程中发生渗漏或滴漏时,应迅速疏散车队(撤离事故地点至少 300 m),并尽可能将事故车辆转移至下风处的偏僻地带,采取桶接、紧固、堵漏等措施排除。

运输过程中发生重漏或流淌事故时,应迅速在泄漏现场划分隔离区,派出警卫,阻止无关人员进入现场;疏散撤离人员,转移至安全地带;抢修人员对泄漏贮罐卸压、喷水降温,减小泄漏速度,并采取堵漏措施,如关闭阀门、采用熟石灰和水玻璃加石棉粉调成的糊状物堵漏等;泄漏的推进剂必须立即用水冲洗,再用中和剂洗消,最后用水冲洗干净。

2)转注、加注过程泄漏的应急处置。发生渗漏或滴漏时,立即停止相应的操作动作,采取桶接、紧固、堵漏等措施排除。

发生重漏或流淌事故时,应迅速将受伤人员转移至安全地带实施救护;关闭泄漏源并组织抢修。若贮罐管路等支线处发生泄漏时,立即关闭贮罐总阀门开关,停止充压并卸压;若贮罐总阀门失灵,则立即对贮罐卸压,喷水降温,减少泄漏强度,并采取关闭出口处阀门等抢修措施;若罐体焊缝渗漏,可用锤打焊缝、涂熟石膏(或石棉粉)与水玻璃调成的糊状物堵漏,若发生溢出,则按反向操作程序泄出推进剂,然后关闭泵和阀门。抢修完毕后,泄漏的推进剂须立即用水冲洗,再用中和剂洗消,最后用水冲洗干净。

3)贮存过程泄漏的应急处置。发生渗漏或滴漏时,加强库房通、排风,并采取桶接、紧固、堵漏等措施排除。

发生重漏或流淌事故时,要迅速切断库房总电源,切断泄漏源,关闭总阀门及有关阀门,贮罐卸压,使罐内压力降低,减弱泄漏速度,必要时对罐体喷水降温,视情将推进剂转罐;对发生泄漏的部位进行修复,对泄漏的推进剂进行洗消处理,抢修完毕后,泄漏的推进剂须用水冲洗,再用中和剂洗消,最后用水冲洗干净。

2. 着火燃烧应急处置

扑灭少量推进剂燃料泄漏引起的小火,选用水、空气泡沫灭火器效果最好。也可使用化学泡沫灭火器、二氧化碳灭火器、干粉灭火器或细沙。严禁用四氯化碳等卤素灭火器，以免产生有毒的光气。

对较大量推进剂燃料的泄漏，尤其是在加注、转注过程中发生泄漏引起的火灾，必须立即切断推进剂液流，连续喷射大量的水进行消防稀释，切断电源，撤离附近可燃物等。

在推进剂燃料贮存、运输、转注及加注过程中，必须准备足够的消防器材、消防用水，否则禁止进行相关操作。

另外，采用惰化的方法，从阻燃的角度可有效控制或清除着火的危险性。在易形成可燃性混合物的危险场所，添加少量惰性气体稀释剂或抑制剂，尽可能缩小燃料的可燃极限范围，大幅提高燃料的点燃能量，也是预防着火的一种可行方法。

习题与思考题

7.1　液体推进剂危险性评价主要包括哪些步骤？

7.2　液体推进剂个体防护分哪几级？其各自适用的作业环境和作业岗位是什么？

7.3　液体推进剂取样准备工作的安全技术要求包括哪些方面？

7.4　液体推进剂若着火，灭火方法有哪些？

7.5　液体推进剂泄漏分哪几类？其各自适用的应急防护等级是什么？

参考文献

[1] 金龙哲,杨继星. 安全学原理[M].北京:冶金工业出版社,2010.

[2] 田水承,景国勋.安全管理学[M].北京:机械工业出版社,2011.

[3] 邵辉.系统安全工程[M].北京:石油工业出版社,2008.

[4] 刘潜,赵云胜,李升友.安全科学导论[M].北京:气象出版社,2014.

[5] 许素睿.安全系统工程[M].上海:上海交通大学出版社,2015.

[6] 刘秀玉,朱明新,王文和.化工安全[M].北京:国防工业出版社,2013.

[7] 齐向阳.化工安全技术[M].北京:化学工业出版社,2012.

[8] 刘彦伟,朱兆华,徐丙根.化工安全技术[M].北京:国防工业出版社,2011.

[9] 蒋军成,王志荣.工业特种设备安全[M].北京:机械工业出版社,2006.

[10] 詹姆士,昆隶瑞.火灾学基础[M].北京:化学工业出版社,2010.

[11] 张英华,黄志安.燃烧与爆炸[M].北京:冶金工业出版社,2010.

[12] 陈莹.工业火灾与爆炸预防[M].北京:化学工业出版社,2010.

[13] 王凯全,邵辉.危险化学品安全经营、储运与使用[M].北京:中国石油出版社,2010.

[14] 李亚裕.液体推进剂[M].北京:中国宇航出版社,2011.

[15] 黄智勇,金国锋,王煊军.液体推进剂储库安全评价及事故后果研究方法[M].西安:西北工业大学出版社,2015.

[16] 王洪德,董四辉,王峰.安全系统工程[M].北京:国防工业出版社,2013.

[17] 李美庆.安全评价员实用手册[M].北京:化学工业出版社,2007.

[18] 黄智勇,窦文辉. Modern technology of liquid propellants for missiles [M].西安:西北工业大学出版社,2014.

[19] 王煊军.火箭推进剂安全使用管理理论与实践[M].北京:军事科学出版社,2002.

[20] 刘建才,王煊军,李正莉,等.阵地大型推进剂贮罐的泄漏及其防治[C]//王煊军.化学推进剂应用技术研究进展[C].北京:国防工业出版社,2005.

[21] 俞天骥,张宝真.导弹和火箭推进剂损害的防护[M].中国人民解放军总后勤部卫生部,1983.